少年知本家
身边的科学
SHAONIAN ZHIBENJIA SHENBIAN DE KEXUE

不可思议的
大自然现象

胡 郁◎主编

时代出版传媒股份有限公司
安徽美术出版社
全国百佳图书出版单位

图书在版编目（CIP）数据

不可思议的大自然现象/胡郁主编 . —合肥：安徽美术出版社，
2013.1（2021.11 重印）

（少年知本家 . 身边的科学）

ISBN 978－7－5398－4262－2

Ⅰ.①不… Ⅱ.①胡… Ⅲ.①自然科学－青年读物
②自然科学－少年读物 Ⅳ.①N49

中国版本图书馆 CIP 数据核字（2013）第 044154 号

少年知本家·身边的科学
不可思议的大自然现象

胡郁 主编

出 版 人：王训海

责任编辑：张婷婷

责任校对：倪雯莹

封面设计：三棵树设计工作组

版式设计：李 超

责任印制：缪振光

出版发行：时代出版传媒股份有限公司

安徽美术出版社（http://www.ahmscbs.com）

地　　址：合肥市政务文化新区翡翠路 1118 号出版传媒广场 14 层

邮　　编：230071

销售热线：0551-63533604　0551-63533690

印　　制：河北省三河市人民印务有限公司

开　　本：787mm×1092mm　　1/16　印　张：14

版　　次：2013 年 4 月第 1 版　2021 年 11 月第 3 次印刷

书　　号：ISBN 978－7－5398－4262－2

定　　价：42.00 元

　　如果你有机会远离繁华的都市，来到大自然的怀抱中，你会看到那碧蓝的天空、可爱的小鸟、棉花糖般的白云、随着微风摇曳的花草，这一切的一切，都会令你不知不觉地沉醉其中。的确，大自然实在是太奇妙了。

　　走进大自然的植物世界，你会发现，植物不仅是有生命的，有的植物还有特殊的生存本领，有的甚至有动物的特征，植物的世界是那么的奇妙有趣。

　　走进大自然的动物世界，你会发现，动物不仅仅是普通意义中的动物，它们的世界也是千奇百怪，令人惊奇万分的。

　　走进大自然的陆地世界，你会发现，奇山怪石嶙峋，深洞山泉林立，在你不经意间，就能让你感受到大自然的美妙之处。

　　走进大自然的海洋世界，你会发现，海洋呈现给你的，并不仅是广袤无垠的海水。在海洋的深处，有许许多多色彩斑斓的生命，它们也和陆地动物一样，是大自然中不可或缺的一份子，它们应该走进人们的视野。

大自然，它使人感受到温暖，也让人的心灵得以净化，为人类的生活增添了多姿多彩的风貌。所以，编者通过大量搜集整理资料汇编了这本《不可思议的大自然现象》，目的就是让读者充分了解大自然，在大自然美妙的旋律中发现它的趣味之处；在百忙之中，尽情地享受这场大自然赐予人类的饕餮盛宴。

CONTENTS 目录

不可思议的大自然现象

植物趣闻

在大自然中，植物是生命的主要形态之一，包含了如乔木、灌木、藤类、青草、蕨类、地衣及绿藻等人们熟悉的生物。植物家族是大自然中最庞大的种族。

在这个庞大的种族之中，不乏许多有趣的植物种类，有能吃虫子的，有喜欢跳舞的，有能让人产生迷幻作用的，有"胎生"的，等等。

除此之外，还有许许多多令人眼花缭乱的有趣植物，它们各有奇特之处。它们凭借着自身奇特的技能，自由畅快地生活在大自然中。

 植物也能欣赏音乐

植物除了有对营养物质的需求以外，也有对"精神生活"的"需求"。加拿大安大略省有个农民做过一个有趣的实验。他在小麦试验地里播放巴赫的小提琴奏鸣曲，结果，"听"过乐曲的那块实验地获得了丰产，它的小麦产量超过其他实验地产量的66%，而且麦粒又大又重。

20世纪50年代末，美国伊利诺伊州有个叫乔·史密斯的农学家在温室里种下了玉米和大豆，同时控制温度、湿度、施肥量等各种条

"听"过音乐的小麦

件，随后他在温室里放上录音机，24小时连续播放著名的《蓝色狂想曲》。不久，他惊讶地发现，"听"过乐曲的种子比其他未"听"乐曲的种子提前两个星期萌发，而且前者的茎干要粗壮得多。后来，他继续对一片杂交玉米的试验地播放经典的乐曲，从播种到收获都未间断。结果又完全出乎意料，这块试验地比同样大小的未"听"过音乐的试验地，竟多收了700多千克玉米。他还惊喜地发现，"听"音乐长大的玉米长得更快，颗粒大小匀称，并且成熟得更早。

"听"过音乐的番茄

在农田里播放轻音乐，促进植物的成

长而获得大丰收，这似乎不是遥远的事情了。

美国密尔沃基市有一位养花人，当向自家温室里的花卉播放乐曲后，他惊奇地发现这些花卉发生了明显地变化：这些栽培的花卉发芽变早了，花也开得比以前茂盛了，而且经久不衰。这些花看上去更加美丽，更加鲜艳夺目。

给一株番茄"听"音乐，奇迹出现了，这株番茄长得又高又壮，结的果实也又多又大，最大的一个竟有 2 千克。原来番茄也喜欢"听"音乐呢。

那么，番茄到底喜欢"听"哪种音乐呢？人们继续做实验，对一些番茄有的播放摇滚乐曲，有的播放轻音乐，结果发现，听了舒缓、轻松音乐的番茄长得更为茁壮，而"听"了喧闹、杂乱无章音乐的番茄则生长缓慢，甚至死去，原来番茄也有对音乐的喜好和选择。

知识小链接

摇 滚

摇滚是一种音乐类型，起源于 20 世纪 40 年代末期的美国，50 年代早期开始流行，迅速风靡全球。摇滚乐以其灵活大胆的表现形式和富有激情的音乐节奏表达情感，受到了全世界年轻人的喜爱。

科学工作者还发现，不同植物有不同的音乐"爱好"。黄瓜、南瓜"喜欢"箫声；番茄"偏爱"浪漫曲；橡胶树"喜欢"噪声。美国科学家曾对 20 种花卉进行了对比观察，发现噪音会使花卉的生长速度平均减慢 47%，播放摇滚乐，还可能使某些植物枯萎，甚至死亡。

几乎所有的植物都能"听懂"音乐，而且能在轻松的曲调中茁壮成长。甜菜、萝卜等植物都是"音乐迷"。有的国家用"听"音乐的方法培育出 2.5 千克重的萝卜、小伞那样大的蘑菇、27 千克重的卷心菜。

植物"听"音乐的原理是什么呢？原来那些舒缓动听的音乐声波的规则振动，使得植物体内的细胞分子也随之共振，加快了植物的新陈代谢，而使植物生长加速起来。

植物居然能吃虫子

在我们看来，动物吃植物是正常的事。可是，你知道吗？还有植物吃动物的。在众多的绿色植物中，约有 500 种植物能捕捉小虫，这类植物叫食虫植物。你想知道它们是怎样捕食小虫的吗？

狸藻是我国各地池沼中常能见到的一种水生植物，虽然，它的名字中带有"藻"字，但是，它是种子植物而非藻类植物。它的茎细而长，叶如细丝，有一部

会"捕虫"的狸藻

分叶变成了特别的捕虫囊，囊口边上生了几根刺毛，还有一个能向囊内开的"门"。当小虫随流水游入囊中时，就被关在里面被狸藻慢慢地消化掉了。

基本小知识

食虫植物

食虫植物是一种会捕获并消化动物而获得营养（非能量）的自养型植物。食虫植物的大部分猎物为昆虫。其生长于土壤贫瘠，特别是缺少氮素的地区，例如酸性的沼泽和石漠化地区。

茅膏菜也是一种食虫植物，在我国东南各省常见。它的个子仅 10 厘米左右，叶片变成一个盘状捕虫器，盘的周围生有许多腺毛。腺毛是植物上的一种分泌结构，不同植物上的腺毛所分泌的物质不一样。当小虫爬到茅膏菜的叶上，腺毛受到刺激就向内卷缩，把小虫牢牢地"捆住"。与此同时，腺毛也开始分泌消化液把小虫消化掉。之后，腺毛又慢慢地张开，等待下一个猎物的到来。

捕蝇草在世界许多植物园都有栽培，是一种珍奇的食虫植物。它的捕虫

器形状很像一个张开的"贝壳"，"贝壳"的边缘有二三十根硬毛，靠中央还生有许多感觉毛，当小动物触动感觉毛时，"贝壳"在 20～40 秒就闭合上了，然后靠消化液把小动物"吃"掉。捕蝇草的一顿美餐大约要花 7～10 天的时间。

在我国的云南、广东等南方各省，你可以见到一种绿色小灌木，它的每一片叶子尖上，都挂着一个长长的"小瓶子"（实为变态的叶），上面还有个小盖子，盖子通常情况下是半开着的。这"小瓶子"的形状很像南方人运猪用的笼子，所以人们给这种灌木取了个名字，叫"猪笼草"。奇妙的就是它的这个"小瓶子"。猪笼草的"小瓶子"内壁能分泌出又香又甜的蜜汁，贪吃的小昆虫闻到甜味就会爬过去吃蜜。也许就在它吃得正得意的时候，脚下突然一滑，一头栽到了"小瓶子"里，"瓶子"上面的盖自动关上了，而且"小瓶子"里又有黏液，昆虫很快被黏液粘得牢牢的，想跑是跑不掉了。于是，猪笼草便得到了一顿"美餐"。

用瓶状的叶子捕食虫类的植物还有很多，在印度洋中的岛屿上就发现了将近 40 种。那些奇怪的"瓶子"有的像小酒杯，有的像罐子，还有的大得简直像竹筒，小鸟陷进去也别想飞出来。但是要说构造的精巧、复杂，我国的特产——猪笼草的"瓶子"是要排在第一位的。

进入夏天后，在沼泽地带或是潮湿的草原上，常常可以看到一种淡红色的小草，它的叶子是圆形的，只有一个小硬币那么大。叶上面长着许多绒毛，一片叶子上就有 200 多根。绒毛的尖端有一颗颗闪光的"小露珠"，这是由绒毛分泌出来的黏液。这种草叫毛毡苔，也是一种吃虫草。如果一只小昆虫爬到它的叶子上，那些"露珠"立刻就把

拓展阅读

沼泽

沼泽是指地表过湿或有薄层常年或季节性积水，土壤水分几达饱和，生长有喜湿性和喜水性沼生植物的地段。广义的沼泽泛指一切湿地；狭义的沼泽则强调泥炭的大量存在。

它粘住了，接着绒毛一起迅速地逼向昆虫，把它牢牢地按住，并且分泌出许多黏液来，以把小虫溺死。过一两天后，昆虫就只剩下一些甲壳质的残骸了。最奇妙的是，毛毡苔竟能分辨出落在它叶子上的是不是食物。如果你和它开个玩笑，放一粒沙子在它的叶子上，起初那些绒毛也有些卷曲，但是它很快就会发现这不是什么可口的食物，于是又把绒毛舒展开了。

你一定得出了这么一个结论：食虫植物食虫全靠它们各种奇妙精致的捕虫器。但是，不要忘记这些捕虫器都是由叶子变化来的。也许你会问，绿色植物不是自己能制造养料吗？为什么这些绿色植物要吃虫呢？科学家们研究发现，这些植物的祖先都生活在缺氮的环境中，而且它们的根系又不发达，吸收矿物质养料的能力较差。为了获得它们所不足的养料，满足生存的需要，经过长期的自然选择和遗传变异，一部分叶子就逐渐演变成各种奇特的捕虫器了。

➤ 喜欢跳舞的草

植物会运动，这在现代人看来已不是什么新鲜事了。例如，合欢树的小叶，随日出日落而张开闭合；用手轻轻摸一下含羞草的叶子或茎枝，它就会像一个害羞的小姑娘低下"头"去。还有一种更让人叹为观止的植物，它的运动既不像向日葵那样被太阳"牵着鼻子走"，也不像含羞草那样要外界刺激才会运动，而是我行我素，别具一格。它就是跳舞草。

奇妙的跳舞草

科学工作者形容跳舞草的运动犹如跳舞，所有的舞步都是由叶子完成的，在它的三出复叶（指由三片小叶共同组成的叶子，排列像扑克中的"梅花"图案）中，一对侧小叶或做360°大回环，或上下摆动。同一棵跳舞草上，有的小叶运动快，有的则慢，看上去颇有节奏感。一会儿两片小叶同时向上合拢，然后又慢慢地分开展平，像彩蝶在轻舞双翅；一会儿一片小叶向上，另一片小叶向下，如同艺术体操中的造型；有时许多小叶同时翩翩起舞，像是在开一个盛大的舞会，蔚为壮观。当夜幕降临，跳舞草便进入"睡眠"状态：叶柄向上贴向枝条，三小叶中的老大——顶端小叶下垂，像一把合起的折刀。另两小叶仍然"舞兴"未减，还在慢慢转动，只是劳累了一天，速度不如白天了。

跳舞草以植物中"舞星"的荣誉已步入花卉行列。但是，跳舞草起舞的原因是什么？

据传说，古时候西双版纳有一位美丽善良的傣族农家少女，名叫多依，她天生酷爱舞蹈，且舞技超群，出神入化。她常常在农闲之际巡回于各村寨，为广大贫苦的老百姓表演舞蹈。身形优美、翩翩起舞的她好似林间泉边饮水嬉戏的金孔雀，又像田野上空自由飞翔的白仙鹤，观看她跳舞的人都不禁沉醉其间，忘记了烦恼，忘记了忧愁，忘记了痛

你知道吗

傣　族

傣族，在民族识别以前又被称为摆夷族，是中国少数民族之一。散居于云南的大部分地方。傣族通常喜欢聚居在大河流域、坝区和热带地区。根据2006年全国人口普查，中国傣族人口有126万。

苦，甚至忘记了自己。天长日久，多依名声渐起，声名远扬。

后来，一个可恶的大土司带领众多家丁将多依强抢到他家，并要求多依每天为他跳舞。多依誓死不从，以死相抗，趁看守家丁不注意时逃出来，跳进澜沧江，自溺而亡。许多穷苦的老百姓自发组织起来打捞了多依的尸体，并为她举行了葬礼。

后来，多依的坟上就长出了一种漂亮的小草。每当音乐响起，它便和节而舞，人们都称之为"跳舞草"，并视之为多依的化身。

当然，这只是人们的美妙传说，而不是科学结论。科学家经过研究认为，跳舞草实际上是对一定频率和强度的声波极富感应性的植物，与温度和阳光有着直接的关系。当气温达到24℃以上，且在风和日丽的晴天，它的对对小叶便会自行交叉转动、亲吻和弹跳，两叶转动幅度可达180°以上，然后又弹回原处，再重复转动。

　　当气温在28℃～34℃，或在闷热的阴天，或在雨过天晴时，纵观全株，数十双叶片时而如情人双双缠绵般紧紧拥抱，时而又像蜻蜓翩翩飞舞，使人眼花缭乱，给人以清新、美妙、神秘的感受。当夜幕降临时，它又将叶片竖贴于枝干，紧紧依偎着，真是植物界罕见的多情草。

让人产生幻觉的植物

　　什么叫"致幻植物"呢？简单来说，就是指那些食后能使人或动物产生幻觉的植物。具体地讲，就是指有些植物，因它的体内含有某种有毒成分，如裸头草碱、四氢大麻醇等，当人或动物吃下这类植物后，可导致神经或血液中毒。中毒后的表现多种多样：有的精神错乱；有的情绪变化无常；有的头脑中出现种种幻觉，常常把真的当成假的，把梦幻当成真实，从而做出许许多多不正常的行为来。

　　有一种叫墨西哥裸头草的蘑菇，体内含有裸头草碱，人误食后肌肉松弛无力、瞳孔放大，不久就发生情绪紊乱，对周围环境产生隔离的感觉，似乎进入了梦境，但从外表看起来仍像清醒的样子，因此，所作所为常常使人感到莫名其妙。

　　当人服用哈莫菌以后，服用者的眼里会产生奇特的幻觉，一切影像都被放大，一个普通人转眼间变成了一个庞然大物。据说，猫误食了这种菌，也会害怕老鼠忽然间变得硕大的身躯，而失去捕食老鼠的勇气。这种现象在医学上称为"视物显大性幻觉症"。

　　褐鳞灰蘑菇的致幻作用则是另外一种情形。服用者面前会出现种种畸形怪人：或者身体修长，或者面目狰狞可怕。很快，服用者就会神志不清、昏睡不醒。

褐鳞灰蘑菇

无边法力的"圣物"。

　　国外有不少科学家相继对有致幻作用的蘑菇进行过研究，他们发现在科学尚未昌明的古代，秘鲁、印度、几内亚、西伯利亚和欧洲等地有些民族在进行宗教仪典时，往往利用致幻蘑菇的"魅力"为宗教盛典增添神秘气氛。应该引起注意的是，这种带有浓厚迷信色彩的事情，在科学已很发达的今日，仍被某些人利用，作为他们骗取钱财的一个幌子，这是非常可悲的！

　　除了蘑菇，大麻也有致幻作用。大麻是一种有用的纤维植

　　大孢斑褶蘑菇的服用者会丧失时间观念，面前出现五彩幻觉，时而感到四周绿雾弥漫，令人天旋地转；时而觉得身陷火海，奇光闪耀。美国学者海·姆，曾在墨西哥的古代玛雅文明中发现有致幻蘑菇的记载。以后，人们在危地马拉的玛雅遗迹中又发掘到崇拜蘑菇的石雕。原来，早在 3 000 多年前，生活在南美丛林里的玛雅人就对这种具有特殊致幻作用的蘑菇产生了充满神秘感的崇敬心情，认为它是能将人的灵魂引向天堂、具有

你知道吗

南美洲

　　南美洲位于西半球的南部，东濒大西洋，西临太平洋，北濒加勒比海，南隔德雷克海峡与南极洲相望。西面有海拔数千米的安第斯山脉，东向则主要是平原，包括亚马孙河森林。一般以巴拿马运河为界同北美洲相分，包括哥伦比亚、委内瑞拉、圭亚那、苏里南、厄瓜多尔、秘鲁、巴西、玻利维亚、智利、巴拉圭、乌拉圭、阿根廷、法属圭亚那等 13 个国家和地区。

可以致幻的大麻

物，但是在它体内含有四氢大麻醇，这是一种毒素，吃多了能使人血压升高、全身震颤，逐渐进入梦幻状态。再比如，有一种仙人掌植物，称为乌羽飞，它的体内含有一种生物碱，人吃后 1～2 小时便会进入梦幻状态。通常表现为又哭又笑、喜怒无常。这种植物的原产地在南美洲。

由于致幻植物引起的症状和某些精神病患者的症状颇为相似，药物学家因此获得新的启示：如果利用致幻植物提取物给实验动物人为地造成某种症状，从而为研究精神病的病理、病因以及探索新的治疗方法提供有效的数据，那将是莫大的收获。

速生植物

有人路过一片茂密的竹林，打算在那儿过一夜，他随手把帽子挂在一株青嫩的竹子尖上。夜里，竹林里不时传来"叭叭"的声音，仿佛是一首催眠曲。

第二天，这个人一觉醒来，想接着赶路，却发现帽子被竹子顶得高高的，必须跳起来才能够着。是谁跟他开玩笑，把帽子给抛上去的吗？不是，原来是那棵青竹开的玩笑，它长个儿了，一夜之间竟高了40多厘米，难怪那个人够不着帽子了。而夜里听到的"叭叭"之声，竟是竹子拔节时发出的声音。

竹子真不愧是长个儿最快的植物了，

生长速度极快的木麻黄

有时一昼夜间它就能长1米多，如果耐心地观察，你可以看到竹子像钟表的指针一样移动着向上生长。

自然界里有不少植物都长得很迅速。像树中"巨人"杏仁桉，能长到150米，简直可以和星星交朋友了。栽种后的第一年它就可长五六米，五六年后，就已是近20米的巨树了。

海岸边的先锋木麻黄负有抵御台风、防御风沙的任务。为了适应海滩恶劣的环境，木麻黄一边深深扎根，一边迅速长高，如果条件较好，一年就能长高3米！这惊人的长个儿速度，使一些去远海捕捞，数月后才能回来的渔民，居然不敢认自己的渔村了。是啊，出海时光秃秃的沙滩，现在已成了一片郁郁葱葱的木麻黄的天下。

绿化城市时，人们也爱选用一些速生树种。在我国的北方，白杨树是比较普遍的，它笔直的树干高高伫立，浓密的树荫遮蔽了夏日炎热的阳光。它的生长速度就比较快，七八年就有十多米高，十几年就能用材了。人们称赞它是"五年成椽，十年成檩，十五年成柁"。

北京的车公庄大街，道旁是高大的速生树——泡桐，春天紫花飘香，夏天浓荫蔽日，秋天是成串的铃铛般的果实，惹人喜爱。

速生植物真给人们带来了许多好处。

▶ 叶子的美学

自然界的植物，给了人类多少美感啊！扎根于高山贫瘠的土壤中和悬崖绝壁的石缝里的松树，不管严寒的狂风暴雪多么肆虐，也不管盛夏的骄阳酷暑多么张狂，它都那样坚定不移地挺立着，难怪人们称颂松树的风格："大雪压青松，青松挺且直，欲知松高洁，待到雪化时。"这是一种境界美。柔软的小草随风起舞，姿态蹁跹，给了舞蹈家无数的灵感，这是一种动态美。

花儿朵朵，果实累累，一代新的生命诞生了。这种生命律动的历久不衰是人类文学艺术永恒的主题之一，这是一种至高无上的生命美。毫不夸张地说，美存在于所有的植物和植物体所有的部分。

基本小知识

营养器官

　　植物的器官可分为营养器官及生殖器官。营养器官通常指植物的根、茎、叶等器官，而生殖器官则为花、果实、种子等。营养器官的基本功能是维持植物生命，这些功用包括光合作用等。

　　作为营养器官的叶子也不例外，它也是美的化身。看看叶子的千姿百态吧：松叶像天女撒下的绣花针落在了枝条上；枫叶是从天上降落到人间的星辰；宽大的蓖麻叶仿佛是孙猴子千种变化、万般腾挪也冲不出去的如来佛那张开的巨掌；摘下一片荷叶护在胸前，那是古代将士们遮挡敌人剑戟的盾牌；田旋花叶是士兵们冲锋陷阵、刺向敌人的长戟；剑麻叶是勇士们手中挥舞着的锐利宝剑；而慈菇伸出水面的叶则一如从水下射出的箭镞；芭蕉叶是硝烟弥漫的战场上一面面迎风招展的军旗，它们仿佛在讲述着一个沙场浴血的悲壮故事；灯心草叶是慈祥的母亲在灯下给即将离家远游的爱子细细密密地纳鞋底时用的锥子；银杏叶像是孤独的旅行者感到烦热郁闷时展开在手中的折扇，那上面似乎还有忘情于山水之间的隐士在就着几样粗果野蔬举杯邀明月共酌的画面；藜叶是村姑农妇在家中织布时用的长梭；甘薯叶像跳动的心，片片绿叶如写满爱情的信笺，而薯块的饱满甘甜印证着爱情的充实与甜蜜；柳叶就是在姑娘们风情万种的双眼上卧着的秀眉；小麦叶和水稻叶是捆扎包裹和随身用的带子；蒲葵叶是白胡子老爷爷给膝下的孙儿们讲述久远而古老的故事时，一边呷茶一边摇动的大蒲扇；鹅掌楸叶子是私塾先生身上穿的马褂；管状的葱叶如同仙人吹奏的玉笛。还有的植物叶子边缘部分深深地凹陷进去，像一把正在演奏着低回婉转的乐曲的大提琴。当然啦，许多植物的叶片是圆形、卵形、三角形的，在大自然中勾画出一幅幅简洁明快的几何图形。

　　再看看叶子着生的位置吧：有的一片片地单独着生在茎上，有的则成双成对出现，有的三片以上规则地排成一圈一圈，还有的紧贴着地面丛生。它们互相错开一定的角度，如 120°、137°、138°、144°、180°，很少有例外。如果从空中俯视，你会惊异地发现：无论叶子大小、叶柄长短和枝条曲直，叶片都是片片镶嵌，各不重叠，互不遮挡，有时竟紧凑得天衣无缝。

这样，既可以使植物受力均衡，叶子又能最大限度地接受阳光雨露。叶子的颜色虽比不上花朵的斑斓灿烂，却有它独具的一种沉稳、庄重的美。植物的叶子多为绿色，它不但给人以生机勃勃又成熟安详的动静兼备的良好心理感受，而且它自己的品性分明就是这样的。从叶子的身上所体现出来的生命力是那样旺盛，它给植物体提供了生长繁殖所必不可少的有机养料，而且还直接或间接地养活了我们人类与动物，可谓功不可没。可是它却那么谦和稳重，从不去张扬自己的丰功伟绩，甘当万绿丛中的一分子。只是到了秋天，在叶的生命即将结束的时候，它们才一起变了颜色，漫山遍野，红色、黄色的叶片随风飘零而下，盖满了大地，创造出一种热烈悲壮的辉煌！

植物的叶子不可计数，但它们却又各自保持着自己的个性：世界上找不出完全相同的两片树叶。这大概就是叶子的美学吧！

🔲 神奇的仙人掌

从前，沙漠中毒蛇出没，危害人类。传说过着游牧生活的阿兹台克部族，为了寻找没有毒蛇的地方定居，跋涉了一年仍没能如愿。在睡梦中，他们听到了神的启示："阿兹台克人啊，走吧，找下去，当看到兀鹰叼着一条毒蛇站在仙人掌上，那就表示邪恶已被征服，你们可以在那里定居下来。"阿兹台克人按照神的指示，历尽艰辛，顽强地找寻着。一天，他们果真看到了神所启示的情景，便在特斯科湖附近的地方定居了，在那里逐渐建立起具有高度文明的特诺奇蒂特兰城。相传它就是现在的墨西哥城。

这是流传于墨西哥的关于仙人掌的神话。在墨西哥一些史书上，也记载着远古时，神把仙人掌赐给墨西哥民族的传说。

墨西哥是举世闻名的仙人掌之国。它的境内是高原和山脉，占全国一半面积的北部地区有大片的沙漠，那里的仙人掌科植物多极了，几乎占了全世界仙人掌的一半，人们都说墨西哥大地似乎特别适合仙人掌的生长。巨大的仙人掌有的高达15米，有几百个枝杈，仿佛是一座楼。仙人柱更有几

墨西哥仙人掌"树林"

十米高的，像是沙漠上屹立的巨人。最大的仙人球直径有2~3米，重达1吨。仙人鞭、仙人棒、仙人山，也各展风姿，独具魅力。仙人掌的花绚丽灿烂，黄色的、红色的，像喇叭、像漏斗，最大的直径达60厘米。它的果实有鸭蛋大小，除了黑色，什么颜色的都有，而且味道很甜。墨西哥的城市里处处栽种仙人掌，美得与众不同。农民们也利用它们防止水土流失，保护农田。仙人掌在墨西哥的历史上有重要的社会和宗教地位，有的被当作神明顶礼膜拜，有的被看成是避邪的神木，有的被用作治病的妙药。当然，仙人掌确有治疗肛肠出血和其他炎症的作用。

墨西哥人吃仙人掌也很有一套。他们把仙人掌果实外边的刺削去，就可以生吃了；炒熟或做凉拌菜也别有风味。柔嫩多汁的绿茎可以盐渍糖腌，做凉菜、酸菜和蜜饯。墨西哥的菜市场里就有大量仙人掌嫩茎出售。除了直接吃，还可以用果实熬糖、酿酒。印第安人则喜欢把它磨成浆粉，煎糍粑当主食吃。

仙人掌和墨西哥人的不解之缘随处可见，连国旗、国徽和货币上，都有骄傲的仙人掌，它衬托着口衔大蛇的兀鹰成了装饰性的图案。仙人掌家族能在墨西哥兴旺发达，是因为它特别适合这里沙漠、半沙漠的

趣味点击　　**最大的仙人掌**

在墨西哥有一株仙人掌中的"大块头"，高达17.69米，重达10吨，是世界上最大的仙人掌。

生活环境。沙漠中降雨很少，水的来源与保存是最大的问题。仙人掌的根特别长，不仅能使自己牢牢地站在沙漠里，还特别能吸收土壤深层的水分。它的叶子退化成了小刺毛，大大减少了水分的蒸腾散失。本来主要由叶子承担的光合作用改由茎去完成。茎是绿色的，表面有角质和蜡质，既能减少蒸腾出去的水分，又不耽误光合作用；而且茎大大加粗了，变得肥厚多汁，在下雨时能很快地生长并大量贮存水分。在沙漠中往来的行人口渴时，就劈开仙人掌的茎，取里面的积水来滋润焦干的喉咙。最大的仙人掌能储存几百千克的水呢。

仙人掌耐渴的本领到底有多大？能好几年不喝水吗？有人拔起一个仙人球，称了称，有 37.5 千克重，然后扔在屋子里 6 年，没有理睬它，它却依然活着！再称一称，体重为 26.5 千克。也就是说，6 年它没喝一滴水，而不得不动用的储备水也仅仅消耗了 11 千克。换了别的植物，怕是早就魂归西天啦！

▶ 面包树

人们一般吃的面包总是用面粉做的，可是在南太平洋一些岛屿上的居民，他们吃的"面包"却是从树上摘下来的。

世界上有结面包的树吗？没有！但确实有面包树这种树。在南太平洋上一些国家和地区的面包树及非洲的猴面包树，因它们结的果实巨大像面包而得名。

面包树是四季常青的大乔木，属桑科。一般高 10 多米，最高可达 40～60 米。树干粗壮，枝叶茂盛，叶大而美，一叶三色，当地居民用它编织成漂亮轻巧的帽子。面包树雌雄同株，雌花丛集成球形，雄花集成穗状。在它的枝条上、树干上直到根部，都能结果。每个果实是由一个花序形成的聚花果，大小不一，大的如足球，小的似柑橘，最重可达 20 千克。面包树的结果期特别长，从头年 11 月一直延续到第二年 7 月，1 年可以收获 3 次。以无核果为优良品种，果肉充实，味道香甜。每株树可以结面包果六七十年。面包果的

猴面包树

营养很丰富，含有大量的淀粉，还有丰富的维生素 A 和 B 及少量的蛋白质和脂肪。人们从树上摘下成熟的面包果，放在火上烘烤到黄色时，就可食用。这种烤制的面包果，松软可口，酸中有甜，风味和面包差不多。面包果还可用来制作果酱和酿酒。面包果是当地居民不可缺少的粮食，家家户户的住宅前后都有种植。一棵面包树所结的果实，能养活一两个人。

猴面包树，学名又叫波巴布树，又名猢狲木，是大型落叶乔木。猴面包树树冠巨大，树杈千奇百怪，酷似树根，远看就像是摔了个"倒栽葱"。它树干很粗，最粗的直径可达 12 米，要 40 个人手拉手才能围它一圈，但它个头不高，只有 10 多米。因此，整棵树显得像一个大肚子啤酒桶。远远望去，树似乎不是长在地上，而是插在一个大肚子的花瓶里，因此又称"瓶树"。

猴面包树的树形壮观，果实巨大如足球，甘甜多汁，是猴子、猩猩、大象等动物最喜欢的美味。果实成熟时，猴子就成群结队而来，爬上树去摘果子吃，所以大家又叫它"猴面包树"。

你知道吗

酿酒

酿酒是利用微生物发酵生产含一定浓度酒精饮料的过程。

热带草原气候终年炎热，有明显的干湿季节。干季时降雨很少，猴面包树为了能够顺利度过旱季，在雨季时，就拼命地吸收水分，贮藏在肥大的树干里。它的木质部像多孔的海绵，里面含有大量的水分，在干旱时，便成了人们理想的水源。在沙漠旅行，如果口渴，不必动用"储备"，只需用小刀在随处可见的猴面包树的肚子上挖一个洞，清泉便喷涌而出，这时就可以拿着缸子接水畅饮一番了。因此，不少沙漠旅行的人说："猴面包树与生命同在，只要有猴面包树，在沙漠里旅行就不必担心。"它曾为很多旅行的人们提供了救命之水，解救了因干渴而生命垂危的旅行者，因此又被称为"生命之树"。

猴面包树浑身是宝。其鲜嫩的树叶是当地人十分喜爱的蔬菜。叶子能做汤，也可以喂马。种子能炒食。果肉可以食用或制成饮料。果实、叶子以及树皮均可入药，并且有养胃利胆、清热消肿、止血止泻的功效。其树叶和果实的浆液，至今还是当地常用的消炎药物。它的花朵酷似香蕉，据说它的花朵只在晚上盛开，而且一旦开放，花朵便会在一分钟的时间里完全盛开。

猴面包树的木质又轻又软，完全没有木材利用价值。但有趣的是，当地居民常把树干的中间掏空，搬进去居住，形成一种非常别致的大自然"村舍"。也有的居民将掏空的树干作为畜栏或贮水室、储藏室。令人感到奇怪的是，在猴面包树洞里贮存食物，可以放置很长时间而不腐烂变质。

猴面包树还是有名的长寿树，即使在热带草原那种干旱的恶劣环境中，其寿命仍可达 5 000 年左右。据有关资料记载，18 世纪，法国著名的植物学家阿当松在非洲见到一些猴面包树，其中最老的一棵已活了 5 500 年。由于当地民间传说猴面包树是"圣树"，因此受到人们的保护。

◆ 会 "走路" 的植物

南美洲有一种奇异的植物，名字叫卷柏。说它奇特是因为它会走路。为什么这种植物会走路呢？是因为生存的需要。卷柏的生存需要充足的水分，当水分不足时，它就会把自己的根从土壤里拔出来，让整个身体卷缩成一个圆球状，由于体轻，只要稍微有一点儿风，它就会随风在地面上滚动，一旦滚到水分充足的地方，圆球就会迅速地打

会 "走路" 的卷柏

开，根重新钻到土壤里，暂时安居下来。当水分又一次不足，住得不称心如意时，它又会迅速游走寻找充足的水源。

有人说卷柏的游走在不断地给生命创造好的环境。可他不知，卷柏的这种游走也常会使它丢了性命，游走的卷柏有的被风吹起挂在树上，渐渐地枯死；有的滚到路上会被车压扁；淘气的孩子甚至把几株卷柏和在一起当球踢……这些卷柏终究逃脱不了死亡的命运。

难道卷柏不走就生存不了吗？为此，一位植物学家对卷柏做了这样一个

风滚草

趣味点击　卷柏的传说

卷柏又叫还魂草。传说，在昆仑山上，有一个金光闪闪的天池，那是王母娘娘洗澡的地方。在天池岸上，生长着一种仙草，这种仙草能起死回生。有一年民间大旱，瘟疫流行，成千上万的百姓死亡。住在天池中的龙女，看到人间遭受灾难，十分同情，把天池岸上的仙草偷偷带到人间为人们治病，普救众生，成千上万死去的百姓竟然起死回生。龙王知道此事，大发雷霆，一怒之下把龙女打下人间。龙女到人间后，心甘情愿变成还魂草，普救众生。还魂草生命力强，晾干后放入水中又能生长，故名还魂草。

试验：用挡板围出一片空地，把一株游走的卷柏放入空地中水分最充足的地方。不久卷柏便扎根生存下来。几天后，当这处空地水分减少的时候，卷柏便抽出须根，卷起身子准备换地方，可实验者并不理会准备游走的卷柏，并隔绝一切可能让它移走的条件。不久，实验者看到了一个可笑的现象：卷柏又重新扎根生存在那里，而且在动不了的情况下，便再也不动了。试验还发现，此时卷柏的根已深深地扎入泥土，而且长势比任何一段时间都好。可能它发现了扎根越深水分就越充分……

　　无独有偶，在我国东北大草原上，也有一种会"走路"的植物，名叫"风滚草"。每当秋天，风滚草的枝条都向内弯曲，卷成一个圆球。秋风一吹，"圆球"就脱离根部，拔地而起，在地上打起滚来。即使在冬天，大雪覆盖了草原，也阻挡不了风滚草的脚步，它们照样可以在地上滚来滚去，继续旅行，直到春暖花开，才停止漂泊，扎根安家。

　　在遥远的秘鲁沙漠里，也有一种仙人掌能够随风走动。它们的根是由一些软刺构成的。随着风向，在特殊的根部支持下，这种仙人掌会一步一步地移动。一旦遇到合适的生长环境，仙人掌就会停下脚步，安营扎寨，生长发育。如果遇不到合适的土壤，它们只好继续向前走，寻找理想的家园。

🔈 植物水塔

　　在澳洲大陆及附近各岛屿上，生长着世界上最高大最挺拔的植物——桉树，它是自然界赋予人们的最美丽最珍贵的礼物之一。别看它长得又高又快，可它的木材致密硬重，在造木船时，把它用作船只的龙骨和桅杆，那是再好不过了。要是用它制造电线杆和木桩子，也非常经久耐用。扯下一片小叶子，揉碎后能闻到一股桉叶油特有的香味。桉叶油不但在医学上有用，还能添加在食品里，桉叶糖就因此而清香爽口。澳大利亚人非常喜欢桉树，他们自豪地把桉树尊为"国树"。

　　桉树的家族共有 600 多个成

你知道吗

国　树

　　国树如同国花、国鸟一样，是国家的表征、国家的荣誉和骄傲。国树，对当地人民来说，具有特别的亲切感，可以唤起人们对祖国和故乡的热爱之情，还能够反映出一个民族的文化传统、审美观念，以及这个国家的自然风貌和植物分布情况。评选国树可以激发各国人民的爱国热情，同时也可以培养人们高尚的情操，增强民族进取心和民族自豪感。

员，高个子特别多，最高的是世界冠军杏仁桉。杏仁桉的身高一般在 100 米以上，最登峰造极的一株高达 156 米。它的树干直插云霄，有 50 层楼房那么高，这是人类已经测量到的最高纪录了。可想而知，当鸟儿在树顶上唱歌时，人在树下听见的仿佛是蚊子的哼哼声。

住在第 50 层楼的人要想喝上水，必须给大楼安装水泵，靠极大的压力把水送到楼顶。那么处在 100 多米高的杏仁桉顶部的枝叶怎样才能"喝"到水呢？不要担心，植物自有一套输导水分的妙法。

高大挺拔的桉树

如果你从比较靠近地面的地方折断一棵草本植物的茎，过一会儿，你就会看到从折断的伤口处流出液滴，这是植物根系的生理活动所产生的能使液流从根部向上升的压力造成的。杏仁桉这样的大树根部的压力当然比草本植物大得多。

杏仁桉毕竟有 100 多米高，光靠根部的这种压力还不足以把水压到树顶的叶子里。能把水"拉"上来的力量还有蒸腾作用，它的拉力远大于根部的压力。水分从叶表面的气孔散失到空气中后，失去水分的叶肉细胞会向旁边的"同伴"要水，"同伴"再向旁边的细胞要水。"接力棒"这么传递下去，就得从导管里要水了。

导管里的水给了叶肉细胞，导管中的水柱会不会断裂而形成一段无水的空白区呢？不会。当你向杯子中倒满水，稍高出杯沿的水面是弧形的，它们不会流出杯子来。这是因为水分子彼此"手拉手"，团结一致，紧紧聚集在中央，才没有流出来。导管中的水也是"手拉手"的，当最远处的水分子被吸收到细胞中去时，与它"手拉手"的水分子被拖拽着向上移动，补充了它的位置，而下一个水分子又补充了与自己"手拉手"的"同伴"的位置。就这样，水分子们紧紧地携手相随，谁也不松开，保证一起行动。

杏仁桉靠着这几种力量把水从根部吸收进来，再经过长长的输水线送到树梢，这个过程只需几个小时。据测定，水在植物体内由低处向高处运送的速度为每小时 5 ~ 45 米，一般的草本植物只需 10 多分钟，全身细胞就能"喝"上水了。

植物从土壤中吸收的水分经过由低升高的"登天旅行"，绝大部分又跑出了植物体。这个消耗量可不小，实际上吸收来的水有 99% 被丢到了空中。不过植物干的并不是瞎折腾的傻事，水分从气孔中出来时已经"改头换面"，吸收了大量的热能，变为水蒸气，保护了在阳光照射下忙碌地进行光合作用的叶子，使叶子不至于受强光的伤害。同时，根吸收进来的无机盐是细胞

拓展阅读

蒸腾作用

蒸腾作用是水分从活的植物体表面（主要是叶子）以水蒸气状态散失到大气中的过程。与物理学的蒸发过程不同，蒸腾作用不仅受外界环境条件的影响，而且还受植物本身的调节和控制，因此它是一种复杂的生理过程。

的养料，它也必须溶解在水里，靠体内的这条输水道运给各处细胞。

在我国北方炎热干燥的天气里，我们身上的汗会很快蒸发掉，使人觉得虽然热，但很干爽。在南方潮湿多雨的季节，身上总是又湿又黏，汗从脸上、身上蒸发不掉，变成道道水流。在不同气候中生长的植物也有类似情况，像热带雨林中，许多植物的水分从根部旅行到叶子时，形成颗颗水珠由叶子尖端滴下来。而干旱地区的植物面临的是更严酷的环境，它们必须有一套减少蒸腾失水的办法才能活下去。

➡ "胎生"的植物

在热带和亚热带的沿海地区，汹涌的海潮日夜不停地冲击着海岸，把岸边的岩石、泥沙以及弱小的生命统统裹挟到浪涛中，然后退入大海。

一般的植物在这狂躁不宁的海洋边和又苦又咸又涩的海水中是无法生存的。但红树林却能独领风骚，在靠近海岸的浅海地区，形成一片片绵密葱郁的海上森林，狂风巨浪对它们也无可奈何。它们那露出水面的部分繁茂苍翠，地面和地下纵横伸展着各种各样的支柱根、呼吸根、蛇状根等，形成了一道抵挡风浪、拦截泥沙、保护海岸的绿色长城。它们任凭风吹浪打，潮起潮落，始终坚不可摧，岿然不动。

这座海上长城由红树、红茄冬、海莲、木榄、海桑、红海榄、木果莲等十几种常绿乔木、灌木和藤本植物组成。它们的叶子其实仍是绿的，只是用它们的树皮和木材中的一种物质制成的染料是红色的，所以人们便把这类植物统称为红树。

红树林

红树在盐水浸透的黏性淤泥中生活得自由自在。在炎热的阳光照射下，退潮后，淤泥表面的水分很快蒸发，形成了一薄层盐壳，而下次涨潮又带来新的盐分。所以，红树的根喝的不是普通水，而是浓盐水。盐水进入红树的茎干，使它通体是盐。幸好，大自然在它的叶子上布下了专门从体内吸收并排出多余盐分的盐腺，难怪红树的叶子上总有亮闪闪的结晶盐颗粒呢。

红树的叶子非常珍惜水，它的表面覆盖着一层厚厚的蜡质，水只能一点一点慢慢地蒸发。因为虽然它脚下有足够的

趣味点击　我国红树的分布

中国大陆的红树林共有 37 种，分属 20 科、25 属（另有资料为 16 科 20 属 31 种），主要分布于广西、广东、海南、福建和浙江南部沿岸。其中以广西壮族自治区的红树林资源量最丰富，其红树林面积占中国红树林面积的三分之一。台湾的红树林原有 6 种，现存 4 种，主要分布在西部沿海各河口附近。

水，可那些水实在太咸了，没有淡水，种子就成熟不了。而植物汁液中的水已被淡化，是果实发育所必需的淡水。

　　在这种严酷的环境中，红茄冬等植物形成了一种奇特的适应方法：胎生。一般的植物都是种子在母体内发育长大后，便挣脱"褓褓"，随着风、水或动物等旅行到远方，一旦自己完全成熟，做好了萌发的准备，又有了合适的水分、温度和空气等条件，就破土而出，开始新的一生。红茄冬却完全不是这样。它的种子几乎不休眠，还没有离开母体植物，便在果实中萌发了。它的胚根撑破果实外壳，露出头来；下胚轴迅速伸长，增粗变绿，和胚根共同长成了一个末端尖尖的棒状体，好像一根根木棍挂在枝条上。子叶呢，拼命地吸取母

红树奇妙的"胎生"

体那清淡爽口而富于营养的汁液，但随着身体长大，它从母体吸取到的盐分也在不断增多。大树把自己的孩子养上半年左右，当种子萌发形成的幼苗长出几片叶子，根有几十厘米长时，一阵风吹来，它便把幼小的红茄冬从树上抖落，幼苗就掉了下去。这大概可以算是母体的"分娩"吧。

　　基本小知识

潮　汐

　　　到过海边的人都知道，海水有涨潮和落潮现象。涨潮时，海水上涨，波浪滚滚，景色十分壮观；退潮时，海水悄悄退去，露出一片海滩。涨潮和落潮一般一天有两次。海水的涨落发生在白天叫潮，发生在夜间叫汐，所以也叫潮汐。我国古书上说"大海之水，朝生为潮，夕生为汐"。在涨潮和落潮之间有一段时间水位处于不涨不落的状态，叫平潮。

幼苗的重心在根的中部，所以它绝不会倒栽葱似的狼狈落下。此时若正涨潮，幼苗就直立着漂浮在水中，直到潮水退尽，它便在新地方安身立命，于是，红茄冬的家族便占有了新的地盘。幼苗扎根于淤泥后，很快就会长出嫩叶和支柱根。它已经毫不惧怕苦咸的海水，因为它已在"母亲"身上习惯了这种盐水。

除了盐水不利于红茄冬的种子成熟与萌发外，风大浪急也使幼苗的根不容易扎牢。"胎生"方式能使红茄冬的后代积蓄起足够的力量后，再去与险恶的海浪作斗争，这真是善于保护自己、巧妙生存的高招啊！

➡️ 银杏树根上的村庄

太湖附近的一个村子里有一棵古老的大银杏树，树龄已有 800 多年了。它那苍劲虬曲的树根盘根错节，时隐时现，伸展到几十米外的房屋中和沟壑间。村民在树荫下铺的砖石常常被崛起的树根顶起来，而墙根、石板或泥地上也常能见到树根的踪影。有一条树根竟伸进了一家农民的灶屋里，从地面上隆起，成了几代人烧火时坐的凳子。村民们挖井开沟或破土造屋，每次都能挖到古银杏的根。这棵大银杏树的根到底能伸展多远，谁也说不清楚，反正整个村子差不多就坐落在它的根系上。

无独有偶。在美国，人们发现一棵 15 米高的树，竟然把树根伸进了将近 50 米深的矿井里；在南部各州中，如果在污水排放场周围几十米处长有榕树的话，那可要格外当心，它的树根多次"侵入"污水排放场，堵住发酵池，实在让人伤脑筋。

植物的根到底能长多长？俗话说："树有多高，根有多深。"其实，这个

根系发达的榕树

说法可够保守的。一般农林作物的地下部分要比地上部分高出 5 ~ 10 倍！像小麦、水稻、玉米、谷子等粮食作物和一些随处可见的杂草，个子一般都不高，但它们的根常可伸入到地下一二米处。野地里的蒲公英也不过十几厘米高，但它的根竟能钻到地下 1 米多的地方。沙漠中的苜蓿，拼命地寻找地下水，所以，根可达 12 米长。生活在丘陵干旱地区的枣树，主根也能深入地下12 米。沙漠中的小灌木骆驼刺，根的深度为 15 米。非洲的巴恶巴蒲树，根能到达 30 多米深的地层中。那么根的长度冠军属于谁呢？现在已知的是生长于南非奥里斯达德附近的一株无花果树，估计它的根深 120 米。要是把它高挂在空中的话，它就可以和 40 层的大楼一争高低了。

知识小链接

灌　木

　　灌木是指那些没有明显的主干、呈丛生状态的树木，一般较为矮小。常见灌木有玫瑰、杜鹃、牡丹、小檗、黄杨、沙地柏、铺地柏、连翘、迎春、月季、荆、茉莉、沙柳等。

趣味点击　世界上最大的银杏

　　世界上最大的银杏树在福泉，这棵银杏树是棵公树，树龄大约有 6 000 年，基径有 5.8 米，比一般的客厅还宽，该树的一代树已经死去了，心空了，外围是二代树。树高 50 米，要 13 个人才能围抱得过来，2001 年载入上海吉尼斯纪录，被誉为世界最粗大的银杏树。据说有位老人长期在里面居住，并养了一头牛。

什么样的根向地下生长并扩展的能力较强呢？这要看根的种类和植物生长在什么地方了。一般直根比须根要长；地上的茎越高，根越深。乔木多为直根，所以被称为"树"的乔木扎根要比草深得多。枣树生于旱地，骆驼刺在沙漠安家，它们的根肩负着吸水任务，因而长得特别长；水生的浮萍与荷、沼泽地里的芦苇，都不发愁水的来源，它们有恃无恐，

浮萍几乎没有根

根都长得又短又浅。

根长得深，扩展得广，吸收水分和无机盐才充分。无论主根、侧根或不定根，根尖都生长着数不清的细小根毛。这些只有用显微镜才能看清的根毛，正是植物的根吸收水和盐的主要部位。水分子和无机盐离子从根毛的表面进入细胞，进入导管，被输送到所有需要它们的地方。把全体根毛的表面积加起来，这个数越大，越有利于根的吸收作用。要是没有足够的根毛，植物就"喝"不够水、"吃"不饱饭。就好比一座大饭厅里聚集着千万个又饿又渴的人（如同细胞），如果只有很少几个卖饭窗口（如同根毛），很多人必然饥渴难忍，不知要排多长时间的队才轮到自己。而如果饭厅的几面墙上全开着卖饭窗口，大家就能很快买到饭吃。

一株植物的根不计其数，每条根上的根毛数不胜数。一株小麦长长短短、大大小小的根约有 7 万条，总长 500～20 000 米。一株西伯利亚黑麦的根多达1 400 万条，有根毛约 150 亿条，根系与土壤接触的总面积约为 400 平方米，是黑麦在地面上的茎叶总面积的 130 倍。可想而知，那无比高大的"世界爷"巨杉，它的根的长度、根毛以及根的总表面积，恐怕是一组惊人的天文数字了。

根，向地下深钻，向左右扩展，尽心尽力地完成自己的"本职工作"，使植物枝繁叶茂，花果飘香；同时，它牢牢地"抓住"土壤，让植物骄傲地挺立在大地上，狂风吹不走，大雨吹不倒。难怪太湖边上有这样一棵古老而神奇的大银杏树，它的发达根系稳稳地托起了整整一个村庄。

💿 植物帮助找矿

　　在我国新疆与邻国蒙古、俄罗斯、哈萨克的边界周围，延伸着阿尔泰山脉。这里可以见到一种多年生草本植物，它长着狭长的蓝灰色叶子，浅红色的花朵密集绵软如朵朵云霞，它的名字叫帕特兰丝石竹，又称"霞草"。有时候，它们连成很大的一片，形成一个宽阔的长达几十千米的草丛带。人们发现，这种草丛带下面往往蕴藏着铜矿。根据这个经验，地质工作者在开始找矿之前，往往先绘制出丝石竹分布图，然后按图确定铜矿的可能位置。

　　丝石竹的根很粗壮，互相纠缠盘绕着扎向大地深处，穿过土壤，沿着岩石裂纹直达地下水源，含铜的地下水就被吸收到蓝灰色叶子和粉红色花朵里面了。在 6～8 月，乘飞机来到这里，人们会看到，多石的山坡上百花不争，青草萎蔫，但大自然似乎有意用一条玫瑰色的花绸带装点这草枯石瘦的荒山。这条清晰的

可指示铜矿的丝石竹

花绸带，在空中摄影胶片中，留下了铜矿蕴藏地的位置。

　　我国北部有一种叫海州香薷的唇形科草本植物，它喜欢生长在酸性土壤的铜矿脉上，也是一种铜矿指示植物，因此，人们干脆叫它"铜草"。赞比亚则有种"铜花"，凡"铜花"生长的地方，就可能有优质铜。据说，有家铜矿公司的地质学家，在赞比亚西北省的卡伦瓜看见"铜花"后，发现了一座富铜矿。与赞比亚同为世界产铜大国的智利，也曾根据植物进行追踪，并发现了有开采价值的铜矿。

草 本

草本是一类植物的总称，但并非植物科学分类中的一个单元，与草本植物相对应的概念是木本植物，人们通常将草本植物称为"草"，而将木本植物称为"树"，但是偶尔也有例外，比如竹，就属于草本植物，但人们经常将其看成是一种树。

植物为什么能指示矿物的存在呢？原来，植物生长之处的地下岩层对它至关重要。地下水能溶解一部分金属，含金属的水向上渗入土壤，再被植物吸收到体内。因此，生长在铜矿上的植物能吸收含铜的水，镍矿上的草木吸收含镍的水。无论地下埋藏着什么物质，包括铍、钽、锂、铌、钍、钼等元素都会被水溶解一部分并带到地表上来。植物吸水后，每一段茎、每一片叶子便都累积着微量的元素。即使深到 20~30 米，植物组织仍会积蓄一部分这样的金属，所以它们依然灵敏地反映出金属的存在。大部分金属元素在各种植物里都有微量积蓄，植物需要它们，没有它们反而会"饥饿"生病。但是过犹不及，如果金属含量过高，对植物就会产生毒害作用。所以，在金属矿区，大部分植物都不见了，剩下来的只是那些经得起某种金属在自己体内大量积蓄的草木。于是，这些地区就只生长着这一类植物，它们便成为这种金属矿的天然标志了。

铀是核工业必不可少的原料。为了制造核武器、建造核电站，许多国家都要绞尽脑汁购买或寻找这种放射性元素。在寻找铀矿的过程中，植物也能帮上忙。若是把树枝烧成灰烬进行分析，铀的含量超过正常标准，这

拓展阅读

我国金矿床分布

全国各省市区除上海外，都有金矿分布。主要矿床和产地分布有：山东、河南、贵州、黑龙江、陕西、广西、云南、辽宁、河北、新疆、四川、甘肃、内蒙古、青海、安徽等省区。

就意味着在那种植物生长的地方有找到铀矿的希望。水越橘能比较准确地指示铀的存在。一旦喝了含铀的地下水，它的椭圆形果实就会变成各种各样奇怪的形状，有时还能从藏青色变为白色或淡绿色。生长在铀矿上的柳兰花会显示出从白色到浅紫色的全部色阶，在阿拉斯加的铀矿附近曾收集到 8 种不同颜色的柳兰花，而它本来应为粉红色。

沙漠里的金矿所在地几乎没有任何植物，然而蒿子和兔唇草却生活得很自在，它们的体内积累了大量的金元素。因此，叫它们"金草"该是名正言顺的。蕨类植物问荆也能吸收土壤中的黄金，鸡脚蘑、凤眼兰生长旺盛的地方，地下也往往藏有黄金。我国湘西会同县漠滨金矿的含金石英脉旁，发现了大量的野薤子，它们长得很茂盛，同样指示着地下的"金库"。

"喜欢"黄金的凤眼兰

❤️ 神奇的植物医生

我国云南的一位哈尼族医生有过这样一段亲身经历：一天，他正坐在路边的一棵大树下休息，突然一条 20 多厘米长的大蜈蚣摆动着两排长足向他爬过来。他立即拔出刀砍下去，把蜈蚣一劈两段。可蜈蚣并没有死，它的两段身体一直在不停地挣扎和蠕动。过了一会儿，另外一条雄蜈蚣爬了过来，看到自己的同类在痛苦挣扎，它仿佛十分焦急，绕着两段身体转了转，就匆匆忙忙地离开了。不久，雄蜈蚣又爬了回来，而且嘴里噙着一片嫩绿的叶子。

哈尼族医生仔细地观察，发现雄蜈蚣把被斩断的蜈蚣的两截身体连在一起，然后把绿叶放在连接处，自己在一边静静地守候。过了一阵儿，奇迹出现了：那条被砍成两段的蜈蚣竟然恢复了一个完整的身体！它轻轻地蠕动了几下，然后爬进了草丛。大为惊奇的哈尼族医生拿起这片绿叶，照着它采回

接骨草

了许多同样的叶子。他做了个实验：把鸡的腿骨打断，然后敷上捣碎的叶子再包扎好。过了 3 天，解开一看，鸡腿骨已连接起来了。从此，他又多了一种止痛、止血、消炎、接骨的草药配方。这种配方疗效神奇，药到伤愈，他也被人们称为"接骨神医"。这种神奇的草就是"接骨草"，是忍冬科的一种植物，在我国南方的森林里生长。

说起来，植物真是一座医药的宝库，它们不但在现代医学发展起来以前就发挥着治病救人的作用，即使在今天，许多特效药中的有效成分还是从植物中提取出来的呢！谁不知道长得像个娃娃的人参呀！它可是能使人身体强壮起来的大补药。供人们食用的部分，就是这种五加科多年生植物的宿根。犯了咳嗽，医生经常给病人一包甘草片，其药用成分主要是从豆科植物甘草的根里获得的。

现在，人们利用先进的技术手段，从粗榧、三尖杉、美登木等植物中提取出抗癌的有效成分，让植物在攻克尖端医学课题方面也发挥出了作用。我国从古至今的民间大夫、中草药学家对植物的药用功能研究得最多，贡献也最大。他们发现，几乎所有的植物都有一定的药效，只要科学合理地利用，植物就能服务于人类。

基本小知识

奎 宁

奎宁俗称金鸡纳霜，是茜草科植物金鸡纳树及其同属植物的树皮中的主要生物碱，化学上称为金鸡纳碱。1820 年佩尔蒂埃和卡芳杜首先制得纯品，它是一种可可碱和 4 - 甲氧基喹啉类抗疟药。

当然啦，在外国也有数不清的药用植物。恶性疟疾的克星——奎宁，就存在于一种叫作金鸡纳的植物的树皮中。金鸡纳树原产于美洲，生活在那里的印第安人很早就知道了它的药用价值，并开始种植。但他们从不外传用金鸡纳树制药的秘方。

据说在 17 世纪，西班牙的一位伯爵的夫人，由于不适应秘鲁的气候及饮食，不幸染上了疟疾，几天后就奄奄一息了。伯爵急得向印第安人求救，但印第安人没有理睬他。伯爵无意中发现了印第安人嘴里总嚼着一样东西，他暗中打听，才知道那东西是金鸡纳树皮，与防治恶性疟疾有关。伯爵闻知心喜，到金鸡纳树林中剥回

金鸡纳

一块树皮，煎汤给妻子服下，结果，病完全好了。

消息传到欧洲大陆引起了轰动，人们想方设法也要弄到金鸡纳树。一个名叫加斯卡尔的德国植物学家受雇于荷兰人，化名缪勒来到秘鲁。他以帮助印第安人建立金鸡纳林场为名，大量收购金鸡纳种子，并用重金收买了海关人员，在一个黑夜里盗走 500 棵树苗，运到荷兰船上。但是，在海上的多日航行，使树苗大部分死亡，剩下的 3 株"幸存者"在爪哇岛上却奇迹般地生长繁殖起来。几十年后，爪哇岛上的金鸡纳树长成了树林，树皮的产量竟占到全世界的 90%。连我国 1912 年和 1931 年先后在台湾、云南引种的金鸡纳树都是它们的子孙呢。

这种有着传奇经历的金鸡纳树是茜草科的热带树种。它的树皮中有好几种药用成分，不仅能治疟疾，还可镇痛、解热，并用于局部麻醉。所以，用它制成的金鸡纳霜用途可多啦。

👆 尽职的植物老师

有一天，鲁班到山上去砍树，一不小心，被丝茅草划破了手。他觉得很

奇怪，一棵小草怎么这样厉害呢？他放下手里的活儿，仔细观察起来。结果，他发现丝茅草叶子边缘上的许多锋利细齿是划破手的元凶。鲁班受到启发，发明了木工用的锯子。

人是地球上最聪明的动物，靠着智慧的头脑和灵巧的双手，造出了种种工具，使自己对世界的征服与改造步步深入，成为万物之灵。大自然虽然默默无语，却也蕴藏着无穷无尽的智慧，人再聪明，比起动植物身体的巧妙构造来，仍有许多望尘莫及之处。所以，人类就得像木工的祖师爷鲁班那样，虚心向动植物学习，从生物界这个巨大的博物馆中搜寻几乎是无所不有的技术设计蓝图。

你知道吗

鲁 班

鲁班，姓公输，名般。鲁国人，生活在春秋末期到战国初期，出身于世代工匠的家庭，从小就跟随家里人参加过许多土木建筑工程劳动，逐渐掌握了生产劳动的技能，积累了丰富的实践经验。鲁班是我国古代的一位出色的发明家，两千多年以来，他的名字和有关他的故事，一直在广大人民群众中流传。我国的土木工匠们都尊称他为祖师。

1851 年，英国的建筑师约瑟打算参加在伦敦举行的世界展览会博览馆的设计竞赛。他很想建造一个辉煌明亮的博览馆，但当时的建筑行业还没有类似的设计可供参考。约瑟把眼光投向自然界，他想到了王莲那巨大的叶片。

王莲的叶子又大又圆，虽然不很厚，但叶片下表面的叶脉却向四面八方伸展，彼此连缀成网，使得巨大的叶片不但能浮在水上，还能承受得住一个小孩在上面玩耍。他仔细观察研究了王莲叶脉的构造和整个叶脉的布局后，胸有成竹地完成了博览馆的设计。工程竣工后，拱形的屋顶明亮辉煌，里侧由网格状的架子支撑，结构轻巧，跨度达 95 米，整个大厅雄伟壮观，人称"水晶宫殿"。

椰子树生长在海边，那巨大的叶片在空中不停地摇摆，遇到飓风和暴雨却很少被折断。为什么它能承受那么强大的压力呢？一方面因其叶片本身较轻，另一方面它的结构比较特殊。它并不是完全平整的，而是凸起、凹下形成一道道波纹。鱼尾葵、蒲葵、油棕的叶子也有这个特点。这种有皱折的叶子与平整的叶子有什么区别呢？科学家用纸做了一个实验：一张纸平展展地搭放在两个相距 23 厘米的酒杯上，跨越酒杯中间地带的那部分纸略微向下弯曲；把这张纸像折扇那样折

叶片巨大的王莲

叠起来，再放回原位，弯曲就不会出现了。不但如此，把一个装了 200 克酒的酒杯放到原来弯曲处的纸面上，折扇形状的纸仍不弯曲！后来，科学家们计算出，经过这种折叠压模处理的纸比平展的纸能提高强度 100 倍。1965 年，根据这个原理，法国勃朗峰下的隧道入口处建起了一个类似的保护棚顶，以提高棚顶抗压的能力。波形板、瓦楞纸板和石棉板，也是运用这种原理制作的。

　　车前草是一种路边草地上常见的小草，近年来却名声大振。原来，建筑师从它身上发现了一个秘密：它的叶子按螺旋形排列，每两片叶子的夹角都是 137°30′，这种结构使所有的叶子都能得到充足的阳光。普通的人类住房，总是有的房间阳光多些，有的房间阳光少些。人们根据车前草叶子的排列特

车前草

点，设计建造了一幢螺旋形的 13 层大楼，使得一年四季，阳光都能照到每一个房间里。这对人的健康该多么有利啊。

　　禾本科不少植物的叶子常常卷曲成一个长圆筒，如玉米叶和羽茅草的叶子。这有什么不一般之处吗？是的，它比普通叶子结实牢固，不容易被破坏。

人们据此设计出一种筒形叶桥，它真的像一个卷曲的长玉米叶，跨度很大，连接宽阔的河流两岸或海峡两岸，中间部分桥面的两侧向上卷起成筒状，汽车与行人就从筒的中央穿行。这么长的桥当然讲究强度与稳定性，筒形叶桥恰恰能满足桥梁设计中的各种要求。

日本是个多地震的国家，建筑师仿照挺拔坚韧的翠竹设计了一幢43层的高楼，即使遇到强烈地震，楼顶摆动幅度达70厘米，它也只是"弹跳"几下而不会受到任何破坏。它的墙体模仿了热带森林中的大树，上窄下宽，非常牢固。

由此看来，植物真不愧是人类的老师。

➤ "盐"树和"盐"草

食盐是人的必需品，我们每天吃的粮食、蔬菜和肉类本身就含有一部分盐，可我们做饭时还得往菜肴里撒上些盐。万一运动过量或因天热出汗太多，就必须喝淡盐水来补充过多排出的盐分。我国人民吃的盐有四川自流井的井盐、青海咸水湖的池盐、沿海地区的海盐，还有岩盐等。奇特的是，有些植物也能产盐。

在我国黑龙江省与吉林省交界处，有一种六七米高的树，每到夏季，树干就像热得出了汗。"汗水"蒸发后，留下的就是一层白似雪花的盐。人们发现了这个秘密后，就用小刀把盐轻轻地刮下来，回家炒菜用。据说，它的质量可以跟精制食盐一比高低。于是，人们给了它一个恰如其分的称号——"木盐树"。

树如何能产盐？说来话就长了。一般植物喜欢生长在含盐少的土壤里。可有些地方的地下水含盐量高，而且

盐角草

部分盐分残留在土壤表层里，每到春旱时节，地里出现一层白花花的碱霜，这就是土壤中的盐结晶出来了。人们把以钠盐为主要成分的土地叫作盐碱地，山东北部和河北东部的平原地区有不少这样的盐碱地。还有滨海地区，因用海水浇地或海水倒灌等原因，也有大片盐碱地。植物要能在这样的土壤里生存，的确得有些与众不同之处。否则，根部吸收水分就会发生困难，同时，盐分在体内积存多了也会影响细胞活性，会使植物被"毒"死。

木盐树就是利用"出汗"方式把体内多余盐分排出去的。它的茎叶表面密布着专门排放盐水的盐腺，盐水蒸腾后留下的盐结晶，只有等风吹雨打来去掉了。瓣鳞花生活在我国甘肃和新疆一带的盐碱地上，它也会把从土壤中吸收到的过量的盐通过分泌盐水的方式排出体外。科学家为研究它的泌盐功能，做了一个小实验，把两株瓣鳞花分别栽在含盐和不含盐的土壤中。结果，无盐土壤中生长的瓣鳞花不流盐水，

你知道吗

盐碱地

　　盐碱地是盐类集积的土地，根据联合国教科文组织和粮农组织不完全统计，全世界盐碱地的面积为 9.5438 亿公顷，其中我国为 9 913 万公顷。我国碱土和碱化土壤的形成，大部分与土壤中碳酸盐的累积有关，因而碱化度普遍较高，严重的盐碱土壤地区植物几乎不能生存。

不产盐；含盐土壤中的瓣鳞花分泌出盐水，产盐了。所以，木盐树和瓣鳞花虽然从土壤中吸收了大量盐分，但能及时把它们排出去，以保证自己不受盐害。新疆有一种异叶杨，其树皮、树杈和树窟窿里有大量白色的碳酸钠，这也是它分泌出的盐分，只是不同于食盐罢了。

我国西北和华北的盐土中，生长着一种叫盐角草的植物。把它的水分除去，烧成灰烬，结果一分析，干重中竟有45%是各种盐分，而普通的植物只有不超过干重15%的盐分。这样的植物把吸收来的盐分集中到细胞中的盐泡里，不让它们散出来，所以，过多的盐并不会伤害到植物自己，并且它们能照样若无其事地吸收到水分。碱蓬也是此类聚盐植物。

知识小链接

碱 蓬

碱蓬俗称"狼尾巴条"，常称为"海英菜"、"碱蒿"、"盐蒿"，一年生草本，茎直立，圆柱形，高达30~100厘米，花单生或2~3朵有柄簇生于叶腋的短柄上，是典型的盐生植物，主要分布于河南、山东、江苏、浙江等地。碱蓬株型美观，有"翡翠珊瑚"的雅称；鲜嫩茎叶营养丰富，具有特别的海鲜味，口感好。可入药，主治食积停滞、发热等。

阿根廷西北部贫瘠而干旱的盐碱地上有许多藜科滨藜属的植物，它们能够大量吸收土壤中的盐分。阿根廷人利用这一特点，在盐碱地上种了大片的滨藜，让它们吸收土壤中的盐分，改善土壤结构，增加土壤肥力。据报道，1公顷滨藜每年可吸收1吨盐碱。在此处建牧场真是合算，牛很爱吃滨藜，长肉又快。盐碱地上种草除盐碱，养牛产肉，这真是一举数得。

长冰草不同于木盐树、盐角草和滨藜，它虽然生活在盐分多的环境里，但它坚决地把盐分拒绝在体外，不吸收或很少吸收盐分。它的品性可以说是洁身自好、冰清玉洁。前三类植物表面上近朱则赤，近墨则黑，实际上它们坚持原则，不被"腐蚀"。

耐盐碱的大米草

全世界种植粮食的土地受盐碱危害的面积正日益扩大，现约有57亿亩（1亩≈666.7平方米）成了盐碱地。我国也有4亿亩盐碱土，黄淮海平原是重要的农业区，却有5 000万亩盐碱地。利用盐生植物来治理盐碱地，是一个好方法。

我国海岸线很长，海滨盐碱地也很多，庄稼不易生长。现在，50万亩海滩种上了耐盐碱、耐水淹的大米草，不但猪、牛、羊、兔特别爱吃，而且能保护堤坝和海滩，促使海中的泥沙淤积，然后围海造田。在种过大米草的海滩上培育的水稻、小麦、油菜和棉花的产量，比不种大米草的海滩高得多。因此，人们赞誉大米草为开发海滩的"先锋"。

🔍 移花接木的魔法

1667 年出版的《英国皇家学会会报》第二卷中有这样的记载：在佛罗伦萨，有一种橘树结出的果实很特别，它的一半是柠檬，另一半是橘子，仿佛两部分嵌合在一起似的。这个听上去像是天方夜谭的报告问世不久，一个英国人证实确有这种奇怪的树，他说他不但亲眼看见过这种树，而且 1664 年在巴黎还买过它结出的果实。

虽有证人，但科学家们对此仍是半信半疑，关于这种树的争论持续了 260 年之久。1927 年，日本遗传学家田中亲自进行实验研究。他观察到，这种树的果实外表有一层凸起的小瘤子，金色的果皮上还有许多浅黄色的斑纹，粗看上去的确是橘子的模样。但用刀切开后，里边的果肉不是橘黄色，也不甜或略带酸味，而是像柠檬果肉那样呈灰白色，并且酸极了。关于怪树的争论总算靠田中的工作成果画上了句号。

现在，经过嫁接的果树到处都有，它们具有果树本身和砧木的双重特点，所以当年的奇树在如今早已司空见惯了。不要说专门的果树栽培技术人员，就连农民也掌握了"移花接木"的本领，培育出深受人们喜爱的果实。

果树嫁接以后结的果又大又多

1984 年，我国湖南省涟源县的工程师陈锡松培育出 3 棵能开多种鲜花的树木。他在白玉兰上嫁接了不同时期开花的土木莲、红花玉兰、紫木笔和洋玉兰；在桃树上嫁接了红梅、绿梅和樱花；在山茶树上嫁接了油茶和重瓣山茶。这三株花树在一年内可以开花数次，8 种不同颜色、不同形状、不同大小的花先后绽放，就像变魔术一般，创造出四季开花集一树，一树多花随人意的奇迹。

　　日本长野县的一个农民，引进了各个优良品种的苹果树，然后把枝条逐一嫁接到一株海棠树上。现在，每年春天，这棵树就开出黄、红、白等几种不同颜色的花朵；秋天，枝条上排列着红、黄、绿色的丰满硕大的果实，有国光、津轻、佳味、富士、王丽、陆奥和奈良等几个不同品种。一棵树能收获这么多不同品种的苹果，也实在是闻所未闻。

知识小链接

嫁 接

　　嫁接是植物的人工营养繁殖方法之一。即把一种植物的枝或芽，嫁接到另一种植物的茎或根上，使接在一起的两个部分长成一个完整的植株。嫁接时应当使接穗与砧木的形成层紧密结合，以确保接穗成活。接上去的枝或芽，叫作接穗；被接的植物体，叫作砧木或台木。接穗时一般选用具 2~4 个芽的苗，嫁接后成为植物体的上部或顶部；砧木嫁接后成为植物体的根系部分。

　　谁不喜欢吃橙子呢？酸甜的滋味让人未吃口水就先流下来。可是橙子树却是个短命鬼，辛辛苦苦栽了 20 年，没结多少果子就要死去，真是不太合算。能不能让开花结果的全盛期长达 70 年的苹果树来延长橙树的寿命呢？通过多年的实验，印度的科学家用当地名为"大象"的苹果树做砧木，嫁接橙子获得了成功。"大象"苹果树容易栽培，产量高、树龄长，选用的接穗是优良品种的橙子树枝。到了收获时节，嫁接后结出的橙子比未经嫁接的还要大，味道更加甜美。更重要的是，它具有"大象"苹果那样的抗虫害能力，并且继承了苹果树长寿的优点。

　　温州无核蜜柑是柑橘中的珍品，可普天下的温州无核蜜柑，竟都是一棵嫁接树的后代。传说明代的时候，日本一个叫智惠的和尚，到我国浙江天台山进香。他见浙江的柑子籽少味道好，就带了些种子回日本，在鹿儿岛播下。

小树结果后，他无意中发现有一棵树结出的果实没有籽，味道却依旧。后来，日本和尚用嫁接的方法繁殖了无核蜜柑，使它逐渐成为一种人所共知的优良品种。约在上世纪初，温州无核蜜柑从日本回到它的老家——中国。

在我国，嫁接技术取得的喜人成果可真不少。把月光花嫩苗接在甘薯砧上，结出的最大一个甘薯重约 60 千克；甜瓜接在西瓜上，产量成倍增加；番茄嫁接在马铃薯上，开花后结出的果实自然是番茄，但地下却仍然长有马铃薯的块茎，一株植物上能收获两种蔬菜，真是一举两得；黄瓜苗接在南瓜苗上结出的黄瓜又多又大。

嫁接，一种古老而又崭新的技术，正给我们不断创造着新的植物品种，丰富着人类的想象和人类的生活。

◤ 植物的喜怒哀乐

科学家们经过研究发现，植物有类似"喜、怒、哀、乐"的现象。

美国有两名大学生，给生长在两间屋里的西葫芦旁各摆了一台录音机，分别给他们播放激烈的摇滚乐和优雅的古典音乐。8个星期后，"听"古典音乐的西葫芦的藤蔓朝着录音机方向爬去，其中一株甚至把枝条缠绕在录音机上；而"听"摇滚乐的西葫芦的藤蔓却背向录音机的方向爬去，似乎在竭力躲避嘈杂的声音。你可以通过这个实验明显

拓展阅读

古典音乐

古典音乐有广义、狭义之分。广义是指西洋古典音乐，那些从西方中世纪开始至今的、在欧洲主流文化背景下创作的音乐，主要因其复杂多样的创作技术和所能承载的厚重内涵而有别于通俗音乐和民间音乐。狭义指古典主义音乐，是 1750 ~ 1820 年欧洲的主流音乐，又称维也纳古典乐派。此乐派三位最著名的作曲家是海顿、莫扎特和贝多芬。

看出，植物对轻柔的古典音乐有良好的反应。

龙血树

这大概可以看成是植物的"喜"吧！下面，我们再来看看植物的"怒"是怎么回事吧！美国测谎器专家巴克斯特进行了一次有趣的实验：他先将两棵植物并排放在同一间屋内，然后找来6名戴着面罩，服装一样的人，他让其中一人当着一棵植物的面将另一棵植物毁坏。由于"罪犯"被面罩遮挡，所以，无论其他人还是巴克斯特本人，都无法分清谁是"罪犯"。然后，这6人在那株幸存的植物跟前一一走过。当真正的"罪犯"走到跟前时，这棵植物通过连接在它上面的仪器，在记录纸上留下了极为强烈的信号指示，似乎在高喊"他就是凶手！"可以说植物的这种反应，与人类的愤怒有些类似吧。

巴克斯特还做了另外一个实验，他把测谎器的电极接在一棵龙血树的一片叶子上，将另外一片叶子浸入一杯热咖啡中，仪器记录反映不强烈。接着，他决定用火烧这片叶子。他刚一点燃火苗，记录纸上立刻出现强烈的信号反应，似乎在哭诉："请你放过这片叶子吧，它已经被烫得很难受了，你怎么忍心再烧它呢？"

知识小链接

生物学家

以生命为研究对象的成功人群就可以称之为生物学家。生物学可以分为动物学、植物学、微生物学等，所以生物学家又可以细分为动物学家、植物学家、微生物学家等。根据研究生命活动的内容，又分为生态学家、生理学家、遗传学家、细胞生物学家、分子生物学家与系统生物学家等。

日本一些生物学家用仪器与植物"通话"获得成功，当他们向植物"倾诉""爱慕"之情时，植物会通过仪器发出节奏明快、调子和谐的信号，像唱歌一样动听。印度有一个生物学家，让人在花园里每天对凤仙花弹奏 25 分钟优美的"拉加"乐曲，连续 15 周不间断。他发现"听"过乐曲的凤仙花的叶子平均比一般花的叶子多长了 70%，植株的平均高度也增长了 20%。现代科学技术的发展，不断给人们提出一些新的课题，比如上面讲到的有关植物的类似"感情"的现象应当如何来解释呢？按我们已有的知识仅仅能将这类现象归结于植物的应激性，但要说明各种现象的机理，恐怕还需要后人不断地探索。

◐➤ 植物的酸甜苦辣

甜甜的蜜橘、酸酸的葡萄、苦苦的黄连、辣辣的尖椒，我们之所以能感受到这么多的味道，一方面是由于我们舌面上有味蕾感受器，另一个原因是由于植物本身就有酸甜苦辣的独特味道。为什么蔬菜、水果能有各自的味道呢？这是由于它们本身所含的化学物质的作用。

首先说说酸，就说能酸掉牙的酸葡萄吧，它含有一种叫酒石酸的物质，还有酸苹果中所含的是苹果酸，酸橘中所含的是柠檬酸等。与之相对应的人的酸觉味蕾分布于舌前面两侧，所以，那酸溜溜的感觉总是从舌边上发出来。

有甜味的植物是因为体内含有糖分。比如葡萄糖、麦芽糖、果糖、半乳糖和蔗糖等。这里边甜味最大的则非果糖莫属，而且果糖更利于被人体消化吸收；其次是蔗糖，难怪以蔗糖为主的甘蔗、甜菜吃起来甜得要命。感受甜味的甜觉味蕾分布在人的舌尖上。如果想知道某种水果甜不甜，用舌尖舔舔就清楚了。

许多苦涩的植物是因为它们含有生物碱的缘故，像以苦闻名的黄连，它就含有很多的黄连碱。而苦觉味蕾多分布于人的舌根处，当吃过苦的食物后，那苦涩的滋味就在人的喉咙里经久不散了。

下面说一说令人冒汗的辣。植物的辣味，原因复杂。辣椒的辣是因其含有辣椒素；烟草的辣，是因其含有烟碱；生萝卜的辣，是其中含有一种芥子油；生姜的辣是姜辣素作用的结果；而大蒜则含一种有特殊气味的大蒜辣素。人们对辣的感觉是各味蕾共同作用的结果，所以吃辣的食物就能满口生辣。

苦涩的黄连

植物的酸甜苦辣，真的让人的舌头回味无穷。

植物的 "自卫" 本领

植物没有神经系统，也没有意识，如果受到其他外来物的侵扰，怎么能进行"自卫"呢？科学家们发现了一些耐人寻味的现象。

白桦树

1981 年美国东北部的 1 000 万亩橡树受到午毒蛾的大肆"掠夺"，叶子被咬食一空。可是奇怪的是，第二年，橡树又恢复了勃勃生机，长满了浓密的叶子，而午毒蛾也不见了踪影。森林科学家十分惊奇：没有对橡树施用灭虫剂和采取任何补救措施，而极难防治的午毒蛾又是如何消失的呢？科学家们采摘了橡树叶进行化学分析发现：叶中的鞣酸成分已明显增多，而这种鞣酸物质如被午毒蛾咬食之后，能与其体内的蛋白质相结合，使得害虫很难进行消化，于是午毒蛾变得行动迟缓，渐渐死去或被鸟类啄食。这个事件说明橡树也有"自卫"能力。

在美国的阿拉斯加原始森林中，野兔曾泛滥成灾，它们过多地食用植物根系，啃吃草木，大大破坏了森林植被。正当人们费尽心思而效果甚微，感到束手无策之时，他们惊喜地发现，许多野兔因生病而大量死亡。这又是怎么一回事呢？科学家们经过研究发现：森林中曾被野兔咬得不成样子的草木，在长出的新芽、叶子中竟不约而同地产生了一种化学物质——萜烯，使野兔在咬食之后生病、死亡，数量急剧减少，从而保护了森林。这是不是也在证明植物的"自卫"能力呢？

英国植物学家对白桦树进行观察，竟发现，白桦树在被害虫咬食后，树叶中的酚含量会大增，而昆虫是不爱吃这种含酚量大而营养低的叶子的。不仅白桦树如此，枫树、柳树也有如此本领。不过在害虫离去之后，树叶中的酚含量又会减少而恢复到原来的水平，这是否又证明了植物的"自卫"能力呢？

你知道吗

槭 树

槭树是槭树科槭属树种的泛称，其中一些种俗称为枫树。槭属植物中，有很多是世界闻名的观赏树种。槭树观赏价值主要由叶色和叶形决定。

美国科学家还发现，柳树、槭树在受到害虫的危害后，还能产生一种挥发性物质"通报敌情"，使其他树木也产生抵抗物质。植物的"自卫"还有"绝招"，那就是产生类似于激素的物质，使害虫在吞吃后能丧失繁殖能力。

由此可以看出，植物似乎确有一种"自卫"能力，看来人类的确要保护植物，没准哪一天惹怒了它们，也要遭受报复的。

善于武装的植物

形形色色的植物，裹一身绿装，挂丰硕的果实，时时刻刻吸引着大批动物前来"观光"、"品尝"。似乎植物就要束手待毙了，慢着，植物也有自己坚实的"武装"，准备跟来犯者拼个鱼死网破。请看：南美洲秘鲁南部山区生长着一种形似棕榈的树，在它宽大的叶面上布有尖硬的刺，当飞鸟前来"侵犯"，意欲啄食大叶子时，树的"武装"发挥效力了，密布的尖刺使鸟儿轻者受伤，重者死亡。当地人把这种树称为"捕鸟树"，因为他们常常可在树下捡到自投罗网的飞鸟，吃上鲜美的鸟肉。

我国南方有种树，别称"鹊不踏"，它的树干、枝条乃至叶柄都布满皮刺，令鸟兽都退而避之。而一种叫"鸟不宿"的树，则是每片叶上都长有三四个硬刺，同样使鸟儿不敢停留。

非洲生有一种马尔台尼草，它的果实两端像羊角一样尖锐地伸出来，且长有硬刺，人们给它起了个令人恐怖的名字——"恶魔角"。它就像其名字一样可怕，成熟后"恶魔角"掉在草的附近。如果鹿儿前来吃草，往往会不慎踏上"恶魔角"而痛不欲生。

仙人掌

欧洲阿尔卑斯山脚下的落叶松幼苗如果被动物啃食，便会很快生长出一丛尖刺，一直到幼苗长到动物吃不着的高度，才生出普通的枝条，就这样落叶松"武装"保卫了自己。

仙人掌也是凭着一身尖刺保卫了自己。要不，沙漠里的动物早把它富含水分的茎吃光了。

还有一些植物更为"阴险"，它们没长尖刺，靠着可怕的毒素"武装"了自己，这类植物可真不少。像荨麻有蜇人毒人的刺毛。巴豆的毒素可使吃下它的人腹泻、呕吐，甚至休克、死亡。桃、苦杏、枇杷和银杏的种子含毒，夹竹桃的叶子有毒，皂荚的果实也有毒。

植物正是靠着自己的"武装"保卫了自己绿色的生命。看来，柔弱的植物也不可轻易欺侮啊。

◤ 水上乐园的植物

地球的表面约有 70% 被水覆盖，有人说，地球应该改名叫"水球"。这么大的水域，当然有水生植物生长，低等的藻类多得不计其数，高等的绿色开花植物也不算少。它们有的漂在水面上，如浮萍、水浮莲、满江红；有的悬浮于水中，如金鱼藻、眼子菜；还有的扎根于水底，水面上很难见到它们的踪影，如苦草和狸藻；当然，也有出污泥而不染的荷、别具风味的茭白和荸荠，它们稳立于水底泥中，把身子探出水面，潇洒而英武。

知识小链接

光合作用

光合作用即光能合成作用，是植物、藻类和某些细菌，在可见光的照射下，经过光反应和碳反应，利用光合色素，将二氧化碳（或硫化氢）和水转化为有机物，并释放出氧气（或氢气）的生化过程。光合作用是一系列复杂的代谢反应的总和，是生物界赖以生存的基础，也是地球碳氧循环的重要媒介。

我国江南的"水塘五秀"，是水生植物中长得漂亮而又营养丰富的佼佼者。"五秀"指的是荷、菱、慈姑、荸荠和茭白。人们吃的是莲子和藕（荷的根状茎）、菱角（菱的果实）、慈姑和荸荠的球茎、茭白的肥大嫩茎。它们既能当蔬菜和水果，又能酿酒、制糖、做点心，还能清热解毒，入药祛病。难怪水乡的人民那么喜欢它们。

菱最有趣的一是叶子，二是果实。它有两种不同的叶子，一种是斜方形带锯齿的，密密地簇生在一起，浮在水面上如莲座，而且每片叶子的叶柄膨大粗壮，里边充满空气，变成了浮囊，能够帮助叶子浮出水面。另一种叶子沉在水中，窄小如羽毛状，对生在茎上。这种叶子很薄，细长并有深深的裂隙，十分柔软，能够在水中直接进行光合作用、呼吸作用和吸水作用，并且特别擅长于吸收水中本来就比较少的光线和二氧化碳；同时，柔软的叶片抗得住水的压力，能防止整个植物体被水冲断冲跑。菱的这两种叶子都能进行光合作用，由于所处的位置不同和小环境不同，它们在形态上有了区别，从而有利于更好地适应自然条件，发挥作用。

菱 角

菱的果实就是菱角，有四角菱、两角菱和六角菱之分。为什么菱的果实上长角？原来，那些生活在水塘里的鱼类、水禽和水兽（如水老鼠等）"靠水吃水"，特别爱吃水生植物结出的果实。菱角的味道那么鲜美，自然是它们眼馋的食物。而菱角的角就是一种有效的防御武器，谁要敢吃，就让它尝尝厉害。菱角长在水面叶簇的底下，日益沉重的果实本来会将整棵植物坠入水中，但这时浮囊会变大，使植物受到的浮力增大，从而免除了灭顶之灾。

菱角在水底发芽生长时，它的角就成了固定自身的"船锚"，它能把菱的幼苗固定在一个地方，免得被水冲跑。所以，很多人也把菱角叫"活铁锚"。

水生植物或是有良好的通气组织，或是本身虽沉浸于水中，但叶片特别薄，能够吸收水中溶解的气体。藕是荷的地下根状茎，它中间有好多条从头至尾的空心管道，与荷叶的中空叶柄及荷叶表面的气孔相通。有了这种上下贯通的气道，潜在水下的细胞就不会因缺乏氧气而窒息了。

柔弱的漂浮植物只好随波逐流，浪迹天涯。浮萍的"萍"字，从字体结构上看，是"平水浮生的草"之意。当描述一个人过着漂泊不定的生活时，有"十年沧海寄萍踪"的说法；"萍水相逢"则形容人偶然相遇并结识，这是借用浮萍的生活特点来比喻人们的相识。虽然它们被水流或气流推动着走，看起来十分被动，但它们的身体不怕水冲，而且它们漂移到阳光、温度和空气条件都适宜的地方去的机会确实不少。

水生植物们也并不为子孙后代担心。它们的花有的大而艳丽，如荷与睡莲，吸引着昆虫前来传粉；有的花粉则被风吹散，或顺水流到雌蕊上。它们结出的果实或随波远去，或如菱角就地扎入泥中，或被水生动物吞下，种子从粪便中逃生，并来到新的地方。一片新的水中世界便又形成了。

▶ 植物之间的战争

植物界姹紫嫣红，似乎总是那么和平、宁静。其实，在它们内部，也有着激烈的生死大战。

有人种植了铃兰和丁香，不久花儿盛开了，可是他很快发现，丁香早早地夭折枯萎了，而铃兰却依旧美丽芬芳。他又在铃兰旁放置了一盆水仙花，可是没过几天，铃兰和水仙也都萎缩，慢慢地死去了。

与丁香、水仙都是大敌的铃兰

难道它们之间有着深仇大恨不成？其实，这就是植物之间的竞争。

在农田里，如果高大的玉米和高粱遇上又矮又丑的苦苣菜，也只有甘拜下风，因为苦苣菜根部的分泌物能抑制它们的生长，弄不好还会把它们慢慢毒死。小小的芥菜也能把高大的蓖麻打得狼狈不堪，不过如果遇上卷心菜，双方的日子就都不好过了。

芹菜是个挑剔的家伙，跟菜豆、甘蓝，它都不愿打交道。番茄、黄瓜、南瓜、茴香这类蔬菜，则是马铃薯的大敌。而豌豆、冬油菜和莴苣则不愿与洋葱、韭菜为伍，否则它们会互相排挤，谁也过不好。

远离榆树的葡萄结得又多又大

在果园里，同样进行着看不见"硝烟"，但是却激烈异常的生死大战。杨树能抑制葡萄的生长；而榆树更为"狠毒"，能杀死自己周围几米内的所有葡萄；甘蓝和胡萝卜也是葡萄的天敌；苹果树和胡桃树是势不两立的仇人，胡桃叶的分泌物随雨水进入土壤，让苹果的根吸收到，就会使苹果生长缓慢。

森林里也在进行着明争暗斗。接骨木是林中一"霸"，能排挤松树和白叶钻天杨，扩大自己的地盘。高大的栎树是个"小心眼儿"，和比自己矮的榆树不仅说不上话，还赌气地背过身，也难怪，和榆树在一起，栎树就会发育不良了。

植物界的这种争斗，其实也不过是为了争夺水分、养料、空间和阳光，在竞争中，植物纷纷巧妙地利用了化学物质。为了生存，植物界的斗争也是很"残忍"的。看似平静的植物界，真的不平静！

动物趣闻

在广阔的大自然中，不乏奇特的植物，更不乏奇特的动物。大自然以其博大的胸怀，接纳了一切生命形式。

在大自然中，动物们经过几千万年甚至上亿年的进化，都演化出了自己独特的生存本领。不同的环境造就了不同的生命形式，有的鱼会发电是为了适应生存环境；有的鸟会缝纫做窝是为了适应生存环境；有的鸟用舌头听声音也是为了适应生存环境，总之，环境造就了这些奇特的动物。

由此可以看出，物竟天择、适者生存的道理也深深地决定了自然界中动物的情况。

千奇百怪的蚂蚁

蚂蚁是一种生存能力很强的昆虫，不管是在城市，还是在乡村，我们都能发现它们的身影。下面，我们就来介绍一下千奇百怪的蚂蚁。

有一种名叫蓄奴蚁的，专干掠夺别的蚂蚁来做自己奴隶的勾当。它们先派出几个蚂蚁去侦察，当发现别的蚁巢后，就冲进去杀死守卫的兵蚁，然后从腹部分泌出一种信息激素，大队蓄奴蚁便蜂拥而来，专门抢劫蚁蛹，叼上一个就往回跑。当这些被掠来的蛹孵化成蚁后，不认得回去的路，只能给蓄奴蚁当奴隶了。这些可怜的蚂蚁奴隶专门从事搬运食物、建筑仓库、修巢铺路、挖掘地道等工作，还有的则在育儿室里当"保姆"，为主人饲养小蓄奴蚁或孵化劫掠来的普通蚁蛹。这些蚂蚁奴隶从不反抗，忍辱负重地干活，直至死亡。

知识小链接

蓄 奴 蚁

蓄奴蚁是蚂蚁家族的一员，有着"奴隶主"的称号。蓄奴蚁是一种"好抢懒做"的家伙，不会觅食，要靠"奴隶"的养活才能生存，但其作战能力强大，是天生的战斗家族，依靠掠夺普通蚂蚁生活。

蚂蚁居然会蓄奴，没有听说过吧！这还不算什么稀奇的，还有敢吃毒蛇的蚂蚁呢！在南美洲的热带丛林里，有一种食肉游蚁，能向毒蛇发起进攻。热带丛林里毒蛇很多，但蚂蚁更多。当食肉游蚁碰到在草丛中睡觉的毒蛇时，它们立即蜂拥而上，把毒蛇团团包围起来，步步紧逼。一接触到蛇的身体，一些食肉游蚁就发起进攻，狠狠地咬住不放。毒蛇被剧烈的疼痛惊醒后，开始自卫反击，向四周猛冲猛撞，企图突出重围。但寡不敌众，黑压压的蚁群把蛇叮得满身都是血，和毒蛇扭成了一团，它们还边咬边吞食蛇肉。几小时后，地上就只剩下一条细长的蛇骨架了。

新西兰的邦牙岛上，也有一种能吃蛇的黄色蚂蚁。它们除了集体行动进攻蛇类外，还能从嘴里吐出一种含有烈性腐蚀酸的黏液，蛇体遇到这种黏液，便皮开肉绽，只得任蚁宰割。

这看起来有些恐怖了！不过，蚂蚁家族中也有乐于帮助别人的"好心人"！在美国的科罗拉多州有一种名叫蜜蚁的蚂蚁，特别喜欢有蜜源的植物。一旦遇上就狼吞虎咽，吃得肚皮胀到最大限度为止。这并不是它贪吃，它在饱餐之后立即赶回蚁巢，碰上没有进食的伙伴，便主动吐出一点蜜来供它们吃，有时竟把胀鼓鼓的一肚子蜜汁全部贡献给大家，即使自己饿瘪了肚子，也毫无怨言。

有一种掠鸟，常常从天空中飞落到大群蚂蚁中，蓬松开羽毛，在地上不断翻转着身体，让蚂蚁咬嚼着身上的脏东西。掠鸟一会儿身体的这一侧躺在蚁群中，一会儿另一侧扑地，舒服得吱吱直叫。这就是鸟类的蚂蚁浴。因为鸟类翼下皮肤上有许多寄生虫，蚂蚁爱吃这些小虫，蚁酸又可以驱赶走这些小虫，所以这些鸟爱用蚂蚁浴来清洗自己的羽毛。

吃"饱"的蜜蚁

蚁　酸

基本小知识

蚁酸又称甲酸。蚂蚁分泌物和蜜蜂的分泌液中含有蚁酸，当初人们蒸馏蚂蚁时制得蚁酸，故有此名。蚁酸无色而有刺激气味，且有腐蚀性，人类皮肤接触后会起泡红肿。在化学工业中，蚁酸被用于橡胶、医药、染料、皮革等工业。

蚂蚁还能保护养育自己的一种树，即"蚁栖树"，这种树的外形像蓖麻，生长在巴西。树干表面有许多小孔，长长的叶柄上长着宽大的树叶，每个叶径部都长有一个"小蛋",这是一种叫"益蚁"的蚂蚁的重要食粮。"小蛋"被益蚁吃掉后还会再长出来,不断供应益蚁的需要。森林里还有一种破坏树木的蚂蚁叫啮叶蚁,专吃树叶,危害很大。每当这种害蚁爬上蚁栖树来啮食树叶时,益蚁便会倾巢而出,把啮叶蚁一个个咬死。因此,蚁栖树总能越长越茂盛,郁郁葱葱发育成大片树林。

奇异的蜘蛛

捕鱼蛛把捕到的鱼拖到干燥的地方

和蚂蚁一样,蜘蛛也具有很强的生存能力。不过由于这些"家伙"常常躲在角落里,你可能对它并不了解。下面来介绍几种奇异的蜘蛛。

有一种蜘蛛叫捕鱼蛛。它分布很广,除了南美洲,几乎各洲都有它的踪迹。捕鱼蛛生活在水面,虽不会游泳,但有时却能钻入水底。为了避敌和捕捉猎物,它经常从一个立足点移到另一个立足点。人们常在池边、河边发现捕鱼蛛用后腿抓住叶柄,其余腿和触肢轻轻拍打水面,耐心地等待猎物。

捕鱼蛛虽不结网,但水面就是它的蛛网。如有昆虫落在水面,就难逃出它的手掌。最有趣的是它的捕鱼技巧,先用触肢在水面上轻拍,以引诱周围的鱼类。一旦有鱼上"钩",它就跳上鱼背,抓到鱼后,先用两只含有毒液的螯刺入鱼体,随后把鱼拖到水面,拉到干燥的地方(因为泡在水中,毒

你知道吗

螯

螃蟹等节肢动物变形的第一对脚,形状像钳子。

液会被水冲淡，失去效果），紧接着就把鱼悬挂在树枝上，最后享受其肉。

捕鱼蛛也常在水下跟踪鱼类。有时钻到水中的树枝上，埋伏偷袭猎物。这种蛛虽名曰捕鱼蛛，但并不是天天捕鱼，有的甚至一生中从未捕过鱼，仅靠食虫为生。

在美洲亚马孙河流域的一些森林或沼泽地带，成群地生活着一种毛蜘蛛。这种蜘蛛喜欢生活在日轮花附近。原来这种花又香又美丽，很能将一些不明真相的人招引到它的身边。不论人接触到它的花还是叶，它很快就将枝叶卷过来将人缠住，这时它向毛蜘蛛发出信号，成群的毛蜘蛛就过来吃人了，吃剩的骨头或肉，腐烂后就成了日轮花的肥料。

水蜘蛛可长时间逗留在水下，用肺叶呼吸，在水面行走如履平地。其独特之处是全身被有厚毛，它可以带着空气泡沉到水里，然后像打气一样，将空气挤入水下的巢穴里。如此往返多次，使巢里充满干的空气而鼓起来，母水蜘蛛就在巢里产卵过冬。

澳大利亚境内，有一种体型很大的蜘蛛。它相貌丑陋，但具有猎人般的本领，是捕捉蚊虫的好手，被当地人称为"猎人蛛"。澳大利亚的蚊子猖獗，夜间人们睡不好觉，于是请彻夜不眠的猎人蛛守夜，它们是最好的卫士。猎人蛛有八条腿，靠脚上的探测器能准确无误地活捉所有的敢于来犯的蚊子。为了适应环境，它精心地织出五彩缤纷的卵袋，用颜色和这种方式保护卵子，繁殖后代。

猎人蛛

🔎 庞大的蛇家族

自然界有各种各样的蛇，有些蛇非常有趣。斯里兰卡有一种蛇，尾巴像盾牌，人们称它为"盾尾蛇"。这种蛇头尖，尾大而扁平，酷似一面盾牌，上面有鳞甲一样锐利的棘状突起，遇到袭击就翘起尾巴来还击，尾巴似针刺般厉害。

拓展阅读

电 压

电压也称电势差或电位差，是衡量单位电荷在静电场中由于电势不同所产生的能量差的物理量。其大小等于单位正电荷因受电场力作用从 A 点移动到 B 点所做的功，电压的方向规定为从高电位指向低电位的方向。电压的国际单位制为伏特，常用的单位还有毫伏、微伏、千伏等。

巴西草原有一种无毒蛇，长约1米，浑身呈绿色，头为椭圆形。它的舌尖上，长有果子形的圆舌粒，跟樱桃的形状很相似。当它伸出舌头时，不少小鸟误认为是果子，常因啄食而丧生。

在非洲几内亚湾的一个小岛上，生长着一种全身赤红似火的蛇。这种蛇，身上含有大量脂肪，舌头的含油量更高。当地居民把它捉住，去掉内脏，串上纱芯，缚在铁棒上点燃，比煤油灯还亮。一条"蜡烛蛇"可燃点三四个晚上。

西班牙的马德里，有一种蛇像人练功一样，能承受很大压力。它横卧在山路中央，急驶而来的汽车从它身上轧过去后，它摇摇脑袋又爬走了。汽车为何轧不死它？原来这种蛇腹部生有个"吸气囊"，能使吸进的气通遍全身。

马尔加什的岛上有种神奇的蛇，它经过的地方会留下一条银白色的带子。这种白色带子对它们很有用处，它们离窝远了常迷路，于是撒下粉末，回去对照旧痕迹找到"家"。这种粉末是它体外脱出的皮干燥后变成的。

马达加斯加岛上，有种颜色时常变化的蛇，当地人叫它拉塔那。这种蛇游到青草丛中全身立即变成青绿色；伸缩在岩石下或盘缠在枯木上，则马上变成褐黑色；把它放在红色土壤上，全身又很快红得像胭脂一样，它真有瞬息万变的本领。这种蛇头小体肥，样子很丑，却很有益，喜欢捕食各种害虫和老鼠。

　　生活在南亚、东南亚地区和我国福建、广东、云南等地的金花蛇，攀缘能力特别强，能沿着陡岩峭壁笔直地向上爬行；常常将细长的尾巴缠绕在树枝上，以惊人的速度将身体一转，凌空滑翔，飞往另一根树枝或降落地面，故名飞蛇。它是一种无毒蛇。

　　1981 年，巴西一个渔民在亚马孙河口捕获一条 2 米长的电蛇，经生物学家测量，发现这条蛇身上具有 650 伏特的电压，要是有人在水中碰到它，会被其身上的电轰击。科学家指出，很多生物体内都有电，这种电称为"生物电"。

　　中南美洲有一种无毒蛇，巴西人称之为苏库里蛇，有好几米长，如小水桶粗，深绿色，背部和腹部两侧各有一条点状的黑色虚线，头顶有一块钢盔似的角质板，用来保护头部。它具有很强的进攻能力。猎羊不在话下，像牛这样的庞然大物它也照吃不误。它捕食的方法巧妙极了：先躲在岸边的丛林里，乘牛走来之际，突然蹿出缠住。可牛也不好对付，它就设法把牛拖下水。蛇和牛在水中搏斗，蛇就明显占了优势，因为它有两个能够关闭的鼻孔。它将牛越缠越紧，使其失去控制能力，不久就淹死了，然后它把牛拖上岸来，把牛骨揉碎，使牛成为一根特别的"香肠"，又在"香肠"上涂上一层又黏又滑的液体，而后从牛尾部开始狂嚼大咽起来，最后只剩下一个牛头。

苏库里蛇吞下一头小牛

　　当它一下子吃进这根几百斤重的大"香肠"之后，蛇身胀得又粗又大。蛇皮也变得像一张半透明的玻璃纸，就连蛇肚子中的牛骨牛毛都隐约可见。它胀得不能动弹，只好就地休息。远远看去，这盘着休息的苏库里蛇活像一个牛头蛇身的可怕怪物。

　　据说它饱餐一顿之后，一睡就是好几个月，昏睡中的苏库里蛇不仅失去了进攻的能力，也失去了一切自卫能力，这是人们捕捉它的大好时期。它的皮是一种珍贵的皮革，可以加工成袋子、鞋子，蛇肉可供人食用。

会发电的鱼

　　到达美洲的第一批西班牙人，虚构了一个故事，说在南美大陆的丛林中，有一片极为富饶的地区，那里的树木上都挂满了纯金。为了寻找这个天然宝库，由西班牙人迪希卡率领的一支探险队，沿亚马孙河逆流而上，来到了一大片沼泽地的边缘。时值旱季，沼泽几乎干涸了，只有远处的几个小水塘在中午的阳光下闪烁着。

电鳗

　　探险队来到了小水塘边。这时，探险队雇佣的印第安人大惊失色，眼中充满恐惧的神情，拒绝从很浅的池水里走过去。迪希卡命令一位西班牙士兵，做个样子给印第安人看看。于是，这位士兵满不在乎地向水中走去。可是，才走了几步远，他就像被谁重重地打了一下似的，大叫一声倒在地上。他的两个伙伴冲上前去救他，也同样被看不见的敌人打倒在地，躺在泥水之中。

　　几个小时以后，见水中毫无动静，士兵们才小心翼翼地走到水里，把3个伤兵救了出来，可是，这时他们3人的脚都已麻痹了。

　　后来，人们才知道，这个不明真相的怪物就是淡水电鳗。南美的电鳗是一种大型的鱼，它的模样像蛇，体长2米多，重达20多千克。平时，电鳗一动不动地躺在水底，有时也会浮出水面。电鳗会发电，能使小虾、鱼儿和蛙等触电而死，然后饱餐一顿。当它遭到袭击的时候，也会立即放出电来，一举击退敌害的进攻。电鳗不仅利用放电来寻找食物和对付敌害，还将它用于水中通信导航。有人发现，当雄电鳗接近雌电鳗时，电流的强度会发生变化，这是它们在打招呼呢！

其实，放电的本领并不是只有电鳗才有。如今人们已发现，在世界各地的海洋和淡水中，能放电的鱼有 500 多种，像电鲟、电鲠、电鳐、电鲶等。人们将这些鱼统称为"电鱼"。

有一种非洲电鲶，能产生 350 伏的电压，可以击死小鱼，将人畜击昏；南美洲电鳗可称得上"电击冠军"了，它能产生高达 880 伏的电压；北大西洋巨鳐一次放电，竟然能把 30 个 100 瓦的灯泡点亮。

为什么电鱼能放出这么大的电流呢？科学家经过一番仔细地解剖研究和实验，终于发现在电鱼体内有一种奇特的电器官。各种电鱼电器官的位置和形状都不一样。电鳗的电器官分布在尾部脊椎两侧的肌肉中，呈长菱形；电鳐的电器官像两个扁平的肾脏，排列在身体两侧，里面是由六角柱体细胞组成的蜂窝状结构，这六角柱体就叫电板。电鳐的两个电器官中，共有 200 万块电板。电鲶电器官中的电板就更多了，约有 500 万块。在神经系统的控制下，电器官便放出电来。单个电板产生的电压很微弱，但由于电板很多，所以产生的电压就很可观了。

有趣的是，世界上最早、最简单的电池——伏打电池，就是19 世纪初意大利物理学家伏打，根据电鳐和电鳗的电器官设计出来的。最初，伏打把一个铜片和一个锌片插在盐水中，制成了直流电池，但是这种电池产生的电流非常微弱。后来，他模仿电鱼的电器官，把许多铜片、盐水浸泡过的纸片和锌片交替叠在一

广角镜

伏打

伏打，意大利著名物理学家，1745 年 2 月 18 日生于意大利科摩。成年后出于好奇，才去研究自然现象。1774 年伏打担任科摩大学预科物理教授。同年发明了起电盘，这是靠静电感应原理提供电的装置。伏打还研究了化学，进行各种气体的爆炸试验。1779 年他担任巴佛大学物理教授，1779～1815 年任帕维亚大学实验物理学教授，1815 年任帕多瓦大学哲学系主任。1827 年 3 月 5 日卒于出生地。

起，这才得到了功率比较大的直流电池。

象鼻鱼

研究电鱼，还可以给人们带来很多好处。例如，一旦我们能成功地模仿电鱼的电器官在海水中发出电来，那么船舶和潜水艇的动力问题便能得到很好地解决。

一些科学家打算模仿电鱼的发电机理，创造新的通信仪器。在这方面，电鳗和象鼻鱼可以提供宝贵的启示。

象鼻鱼是生活在非洲中部河、湖中的一种电鱼。它的鼻子特别长，有点像大象鼻子，所以人们就叫它象鼻鱼。这种鱼的电器官在尾部，它的背上有一个能接收电波的东西，好像雷达的天线一样。当敌害迫近到一定距离时，反射回来的电磁波被背部的电波接收器收到后，就会发出敌情警报。这时，象鼻鱼便急忙溜走。

小鱼吃大鱼

历来都是大鱼吃小鱼，可是自然界偏偏还有小鱼吃大鱼的，而且是专吃凶猛的鲨鱼一类的大鱼。鲨鱼最大的有 20 多米长，一口能吞食几十至几百条小鱼。但是它却有个克星，就是小小的硬颚毒鱼。这种鱼身体短粗，背扁腹圆，外皮松弛，除了口和尾部之外，满身长有尖锐的棘刺。它吸足空气之后，身体便能鼓成一个圆球，原来倒伏的棘刺立即笔直地竖立进来，变成一根根锋利的尖刺。当大鲨鱼大口吞食鱼群时，硬颚毒鱼便像孙悟空钻进铁扇公主肚子里一般，混进了鲨鱼的大肚皮里，之后它便运足了力气，全身鼓圆，把满身棘刺向鲨鱼胃四周乱撞乱扎。大鲨鱼痛得在海里打滚翻腾也毫无办法。不多一会儿，鲨鱼的胃就被刺穿了，接着两肋的肉也被硬颚鱼啃得血肉模糊。当硬颚毒鱼钻出来时，鲨鱼也就一命呜呼了。

　　在希腊的可那伊河里有一种旋子鱼，它在水里呈"S"形螺旋式前进。它有一个尖硬的嘴，小鱼碰上它，会被搅得稀烂，马上成了它的美餐。大鱼遇上它，目标更大，也会被它的硬嘴巴搅得千疮百孔，悲惨死去。如果大鱼吞下了它，那更是大祸临头了。旋子鱼就在鱼肚里到处乱钻乱搅，把大鱼的内脏吃掉许多而使大鱼死去。但旋子鱼也不是无敌的，它最怕河蚌，如果它的硬尖嘴被河蚌壳夹住，即使它拼命旋转嘴巴，也无法脱身，最终成了河蚌的食物。

　　在我国青岛附近海里也有一种专吃大鱼的小鱼叫盲鳗。由于它长期在大鱼肚里生活，所以双眼已经退化失明。它的样子像鳗鱼，前面是圆棍状，后面是扁圆的尾巴，灰黑的颜色，肚子下方是灰白色，长约 20～25 厘米，嘴上有个小吸盘，口里长着锐利的像锉刀似的牙齿，舌头也强而有力，伸缩灵活。它先吸附到大鱼身上，然后从大鱼的鳃部钻进腹内，吞吃大鱼的内脏和肌肉，一边吃一边排泄，直到把大鱼吃光为止。它每小时吞吃的东西，竟相当于自身体重的两倍半。

　　还有一种小小的猛鲑鱼竟能吃掉凶猛的大鳄鱼。猛鲑鱼是生长在南美洲的一种鱼，身长不过 30 多厘米。鳄鱼可以吞下一头小猪，可是遇到这种猛鲑鱼也只好甘拜下风了。原来猛鲑鱼的颚骨力量奇大，一口可以咬断钢制鱼钩，人称"锯齿鱼"。它们常常成群出游觅食，如果碰上一条大鳄鱼，它们便会一拥而上用利

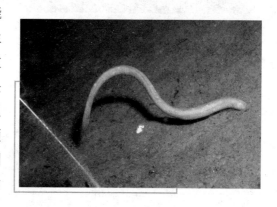

头能钻进大鱼体内的盲鳗

齿咬住鳄鱼不放，鳄鱼皮再坚固也没用，顷刻之间，几百条猛鲑鱼就可以把巨鳄吃个精光，连骨头也不剩。所以，凡是有猛鲑鱼的地方，河流里很难有别的鱼类可以生存。

生活在热水中的鱼

　　照一般的常识，鱼只有在凉水中才能生存，如果将一条鱼放到50℃以上的水中，它仍能自由自在地游，你一定觉得奇怪。然而，自然界常常会给我们一些意外。

热水鱼就生活在千岛群岛的水域中

　　1936年夏天，法国有位叫雷普的旅行家，所乘船只不幸在海上触礁，他被海浪卷到千岛群岛的一个多山的火山岛。当时，他饥饿难当，正想找寻些食物时，忽然发现湖里躺着几条腹部朝天的死鱼，于是他把鱼捞了上来，拿出身边仅存的炊具来煮鱼汤。烧了一会儿，雷普就迫不及待地揭开锅盖来看，岂料这一看吓了他一跳，原来的死鱼都变成了活鱼，正在悠然地游着。这是怎么回事呢？这位旅行家大惑不解了！

　　后来，经过人们调查研究，才知道，这个岛原是一个巨大的古火山口。这些怪鱼是被火山岩烫热的一个小湖沼里的"居民"。当年，它们的祖先就是那次火山爆发的幸存者。据测定，这湖里的水温高达63℃，一般的鱼是无法在这样的环境里生存的。这种热水鱼却能很好地生活。更让人惊奇的是：由于它们已经适应了

你知道吗

温　泉

　　温泉是泉水的一种，是一种由地下自然涌出的泉水，其水温高于环境。形成温泉必须具备地底有热源存在、岩层中具裂隙让温泉涌出、地层中有储存热水的空间三个条件。

热水，一旦落到凉水里，就会立即被冻死。

在自然环境里，热水鱼是非常罕见的，除了上面说到的地方，在贝加尔湖附近的温泉、加利福尼亚的一些河里，也偶尔可以见到，那里的水温一般在 45℃～55℃。看来，生物所能适应的温度范围比我们所想象的要大得多。

普通生物也能够接受锻炼，来扩大它们能适应的生存范围。一个环境的改变，是对一种生物韧性的考验。物种的延续，总要经过几代的适应演变。不过，关于生物提高对高温的耐受力的机制，科学家还研究得很少。如果哪位同学感兴趣，你可以从现在起，多学一些这方面的知识，将来或许会填补一项空白呢。

◀▶ 离开水也能活的鱼

人所共知，鱼儿离不开水。鱼是用鳃呼吸的水生动物。它没有四肢也没有肺，离开水以后时间稍长，即会窒息死亡。可是也有的鱼离开了水不但能活，而且还能爬能跳，它就是弹涂鱼。

这种鱼一般生活在热带的海岸和我国南方沿海一带。每当退潮时，便可以看到它们在潮湿的沙滩上蹦蹦跳跳，有时爬到红树根上。别看弹涂鱼没有脚，它却能爬又能跳，这主要是由于它的胸鳍生得十分粗壮，如同陆地上动物的前肢，活动自如。它的腹鳍又合并成一个吸盘，当它爬到潮湿的泥沙地上以后，可以靠着吸盘吸附在其他物体上。弹涂鱼在陆地上的行

爬上岸的弹涂鱼

走动作很有趣：它先用腹鳍把身体支撑住，然后再用胸鳍交替着向前移动。

乍看起来，都觉得弹涂鱼的行动很慢，如果它碰到敌害，其爬行速度之快是相当惊人的。它还会利用坚韧的胸鳍、锋利的牙齿和宽大的嘴巴掘出一个大土洞，在炎热的夏天它就可以躲进洞里去避暑。弹涂鱼的鳃腔很大，这样能贮存大量的空气，同时这种鱼的皮肤布满了血管，无形中就起到辅助呼吸的作用。当它在陆地上活动时，常常将尾鳍伸进杂草丛生的水洼中，或者紧贴在潮湿的泥地上，这样也可以帮助呼吸。弹涂鱼喜欢吃小型甲壳动物和昆虫。弹涂鱼肉味道鲜美细嫩、营养价值较高。

在我国福建、广东和一些热带、亚热带的湖沼河沟中，有一种小型鱼类，它很喜欢在夜间进行捕食活动，它们总是成群结队离开河水，经过田野到大路上去寻找最爱吃的昆虫，有时它们发现小树丛中有一团团的小昆虫，那么就一蹦一跳地上去，吃得饱饱的再爬回小河里，这种离开水能活的鱼叫攀鲈鱼。

知识小链接

热 带

热带，南北回归线之间的地带，地处赤道两侧，位于南北纬 23°26′ 之间，占全球总面积 39.8%。

攀鲈鱼的行动很奇特，在它的鳃盖后面有很多硬棘，每当行动的时候就靠着鳃盖上的硬棘顶着地面，在胸鳍和尾部的帮助和配合下，就能一点一点地往前爬行。在天气干旱的季节，攀鲈鱼可以在潮湿的淤泥中生活几个月不会饿死，更不会因河水干涸而死亡。这是由于攀鲈鱼也有副呼吸器官，这个副呼吸器官在它的鳃腔背后，生有类似木耳形状的皱褶，皱褶的表面上布满了许许多多的微血管，这样便可以进行气体交换。

还有一种长相像蛇的鳗鲡，它除了在水中生活外，还经常爬到潮湿的草地上或雨水流过的地方去寻找食物。它很喜欢吃小昆虫及小蜗牛。每当吃饱以后它们就在岸边草丛中爬来爬去，有时走路人竟被鳗鲡吓了一跳。鳗鲡的身上布满了黏液，无鳞的皮肤上面又布满了微血管，这样就可以利用皮肤和外界进行气体交换，来维持生命。

黄鳝是大家所熟知的淡水鱼，它的肉质很鲜嫩。黄鳝一般生活在池塘、稻田等浅水的地方，也有人经常看到黄鳝竖起前半截身体，在东张西望，其实它并没有在找什么东西，而是在呼吸新鲜的空气呢。通过观察，黄鳝的鳃早已退化，这就给它在水中进行呼吸出了大难

鳗鲡

题，但黄鳝的口腔和咽喉表面却布满了微血管，它可以伸出头来把空气吞进口腔后，慢慢地进行氧气交换，因而它在淤泥中度过几个月也不至饿死。

除此之外，还有肺鱼、泥鳅、乌鳗等也都属于离开水能活的鱼。前面提到的这些鱼类，都有一套离开水可以继续生存的本领，它们的这些本领在科学上称之为具有副呼吸器官。

✒ 会发射 "水枪" 的鱼

在印度和东南亚一带生长着一种号称"活水枪"和"神枪手"的射水鱼，也叫水弹鱼。身长十五六厘米，银白色，扁扁的身体，外表并不奇特，它的特异功能是射水捕食。当它游动时，两眼始终警惕地注视水面上空，观察有没有好吃的。当它发现苍蝇、蚊子、蜻蜓等昆虫在水面飞掠过，或停在水边草叶、石块上时，便会轻轻地游到离昆虫1米左右的地方，摆开架势，把头伸出水面，撮尖嘴，竖直身体，把事先准备好的满嘴巴水，对准目标，以极大力气像射箭一样喷射出一股"水弹"，当猎物被击中跌落水中时，它便游来吞下。

澳大利亚等地的人们很喜欢喂养这种有趣的鱼，当你观赏它时可得小心点，它会不分青红皂白地乱射一通。如果你去喂食料时，它也会把你的手当

做目标，喷水射击；你如果俯视鱼缸，那更有危险性了，因为你的眼睛只要眨一下，也会引起它的重视，乘你不备毫不客气地向你"开枪"射击，用"水弹"击中你的眼睛；客人来访，千万不要在鱼缸边抽烟，那一闪一闪的火光，更会吸引它游过来向香烟射击，真像导弹一样可以百发百中把烟头击灭了。

射水鱼为什么能喷发"水弹"，而且命中率又是这么高呢？这除了与它口腔的构造特殊，能把大量储存的水迅速形成一串水珠喷出外，还和它的眼睛视力特殊有关。射水鱼的眼

观赏鱼

观赏鱼只是指那些具有观赏价值的有鲜艳色彩或奇特形状的鱼类。它们分布在世界各地，品种不下数千种。它们有的生活在淡水中，有的生活在海水中，有的来自温带地区，有的来自热带地区。它们有的以色彩绚丽而著称，有的以形状怪异而称奇，有的以稀少名贵而闻名。在世界观赏鱼市场中，它们通常由三大品系组成，即温带淡水观赏鱼、热带淡水观赏鱼和热带海水观赏鱼。

睛大而突出，可以灵活转动，视网膜又特别发达，一般鱼在空气中看东西是模糊不清的，因为没有水作眼球的润滑剂。而射水鱼既能在水中看又能露出水面看。科学家用高速摄影机拍下了射水鱼发射"水弹"动作的照片，发现太阳光进入水中经折射后，射水鱼在瞄准目标时，能对光线折射造成的位置变化，进行复杂地校正；而且使身体变成垂直姿势，使发射的"水弹"直线抛出，这就可以克服光线折射时的偏差，确保射击百发百中。它真是个优秀射手哩！

鱼类 "建筑师"

在鱼类中有名的"建筑师"要算三棘刺鱼了。每当它们将成婚立家时，

事先要进行设计、施工，建筑一座既坚固又漂亮的"新房"。房子的地基一般选在水草间或岩石地带的池洼间，要求水的深浅合适，并经常有水流动。

地基选好后，便开始备料，收集一些水草根茎和其他植物叶片。雄鱼从自己的肾脏中分泌出一种黏液，把这些材料黏结在一起，再用嘴巴咬来咬去，直到咬出窝的形状。为了加固，它又用身上的黏液在房子的内外上下四面八方涂抹、摩擦、修饰，使表面整齐、光滑，好似刷了一层清漆一般。建成的房子，中间空心，略带椭圆形，有两个孔道，一个出口一个进口。这才算大功告成，于是雄鱼在四周游来游去，美滋滋地欣赏自己的杰作。这位未来的新郎就开始找未来的"新娘"了，一旦看中，便会做出一套复杂的求爱动作，把雌鱼引到自己精心建造的房旁，征求"新娘"的意见，如果雌鱼满意，便双双进入"洞房"；如果"新娘"羞羞答答故作姿态不肯进房，于是"新郎"便不高兴地竖起背上硬刺逼着"新娘"进去。雌鱼进窝后便产下二三粒卵，然后穿堂而过，雄鱼立即在卵粒上注射精液。

章　鱼

第二天雄鱼又另拉一条雌鱼产卵婚配，直到房子里充满卵粒为止。这种精美的"新房"，就变成很安全、很舒适的育儿室了。

另一个会营造房屋的要算是章鱼了。它们生活在海底，身上有很多长长的触手。当章鱼吃饱之后，总要在一个安静的地方美美地睡上一大觉。为了不受打扰，它拖着吃得胀胀的肚子，建造睡觉的窝。它用触手搬运石料，一次能搬四五千克石头，垒起围墙后，再找来一块平整的石片做屋顶，于是小房建好了。它便懒洋洋地钻进去睡大觉了。为了防备敌害，它让两只专司保卫职责的触手伸出室外，不停地摆，好似"站岗放哨"一般。一旦有敌害侵入，章鱼便会醒来，或是应战或是弃屋逃跑。

还有一种会建造像竹筒似的房屋的鱼叫钻洞鱼。它们生活在大西洋西部深海底，身长 1 米左右，身上有黄斑，尾巴蓝色，色彩美丽。它的特长是钻洞，只要遇上大鱼追赶或渔人捕捉时，它便能迅速而灵敏地钻进洞里。它的洞就是自己造的窝，像蜗牛一样随身带着，不过形状像一根竹筒。它找来植物碎片、小石块等，然后用嘴里分泌的黏液，把它们一片片地粘连成圆筒状，围在身子周围，洞口小，便于躲藏，平时行走时带着房子一起行动。

🔹 舞刀弄剑的鱼

剑　鱼

在印度洋等热带海域中有一种凶猛的大鱼，长 3 米左右，上颌突出形成长而扁平、坚硬的"剑"，称为"剑鱼"。它游动迅速，在海里横冲直撞，连鲨鱼也怕它。剑鱼攻击鲸类时，常常飞速地用利剑般的长嘴直刺鲸的要害；它对待小鱼则用利剑的嘴左劈右砍，然后把刺死或砍伤的小鱼吃掉。有一次，英国的一条船，在从伦敦到锡兰（今斯里兰卡）的航行中，船底竟被剑鱼刺穿了一个洞，使船漏水，经过奋力抢救，才避免了沉船。要知道这条船的船身是包着厚厚的铁皮的，剑鱼居然能刺破它，足见这种鱼攻击力之凶猛了。

生活在淡水里的鳜鱼虽然不会击剑，却会"挥刀"。它周身银灰色带有黑色块状花斑，身长 60 厘米左右，背上有锋利如刀的背鳍。它也善于操起"背刀"捕食别的鱼来充饥。

它诱捕水蛇的本领堪称一绝。在春末至秋季的漫长时间里，鳜鱼总是在大石附近游动，常常一动不动地装死侧身浮躺在水面。

当蛇发现这么鲜美的鱼竟送上门来，就立即游近鱼的身边，并把它缠住，当蛇把鳜鱼越缠越紧时，突然，鳜鱼用足全身力量张开背上刀一样的背鳍，同时迅速扭动旋转身体。不一会儿，只见蛇的肚腹等处划开一道道很深的口子，蛇痛得潜入水底，鳢鱼紧追不舍，将受了重伤的蛇咬死，然后美餐一顿。

　　还有一种满身长刺像陆上刺猬似的鱼，叫刺鲀。它全身卵圆形，体长仅10厘米左右，遍体生着粗刺，每根刺又生有两三根刺根，这些都是由鳞片演变成的。它的嘴很小，上下颌的牙齿都连在一起，尾鳍像把扇子。当它遇到威胁时，便急忙升到海面吸足空气，膨胀成一只滚圆的刺球，每个针刺都竖了起来，并滚动着游过去向前来威胁它的大鱼猛扎一通。这一手还真厉害，吓得大鱼逃之夭夭。刺鲀也用这种方法捕食小鱼。

▶ 恐怖的食人鱼

　　在南美亚马孙河有一种食人鲳鱼，这种鱼体表面有黑色小斑点，腹部呈橙黄色，腹鳍也是黄色，非常美丽。可是它的牙齿，像锯齿般锋利，任何肉类都可咬碎吞食。在原产地，无论怎样巨大的动物，如果涉水而过，便会被这种食人鲳群起袭击，一旦被其咬伤，都会因流血过多而失去支持力量，陷入水底被淹死。当尸体还未沉入水底之前，就已被食人鲳把皮肉撕成一块块，吃个精光，只剩下骨骼。这种鱼还会在河边以迅速的动作，把汲水者的手指咬掉。

　　食人鲳是不好惹的家伙。前些年，泰国有人把食人鲳引进国内作为观赏鱼饲养，惊动了曼谷警方。他们多方搜集食人鲳的"犯罪"资料。警方决不是小题大做，因为泰国气候温和，适合这种鱼生长。如果私人饲养的食人鲳趁河水泛滥之机偷偷溜走，大有可能在当地繁殖成灾，那就会惹祸上身了。

食人鲳

泰国渔业部门一位研究这种鱼的科技人员，他的手指就曾被食人鲳咬伤，因为他把手指伸进养有这种鱼的鱼缸里。据说，美国早就知其厉害，很久之前就禁止它们入境了。

　　然而，也还是有人把它养在水族箱里，经过人工繁殖，这种鱼的凶性也日渐减退。

　　活跃在南美洲奥里诺科河口的比拉鱼也是食人鱼。它有巴掌大小，貌不惊人，乍看倒有几分温驯，可是它们专门成群结队地袭击人和其他动物。一条海豚，若让比拉鱼发现，顷刻间，几十条甚至上千条比拉鱼包抄过来，冲上去，用锐利的牙齿撕咬起来，几分钟后就把它吃个精光。比拉鱼吃人也有个妙法，先用牙齿把人咬伤，鲜血会招来一大群食人鱼，层层围住，紧吃不放，直到把人吃得只剩副骨架，才心满意足地游向远方。

海　豚

　　海豚是体型较小的鲸类，共有近62种，分布于世界各大洋，主要以小鱼、乌贼、虾、蟹为食。海豚是一种本领超群、聪明伶俐的海中哺乳动物。

　　欧洲有一种食人鱼更是胆大妄为。由于欧洲人不吃鲶鱼，使鲶鱼得以大量繁殖。初时它们偷鸭吞鹅，后来竟吃玩耍的孩子。有一位渔民奋力杀死一条鲶鱼，发现其腹内有女人的残骸和她的钱袋。

　　非洲几内亚湾有一种身体呈流线形的颌针鱼，它能突然从水中蹿起，把10厘米长的骨质尖嘴刺向人的胸膛。巴斯医生作了统计，颌针鱼在一个月内杀死了20多人。

欧洲鲶鱼

　　我国南海有一种鲉类鱼，则是一种美丽的"杀人"天使。它体态优美，颜色俏丽，摆动着布满条纹的躯体，张开色彩斑斓的鳍，简直就像一艘披红挂彩的"小船"。但"小船"上长有18根毒刺，如果人被刺一下，轻者疼痛难忍，重者失去知觉，以致丧命。

◑ 劫后余生的鳄鱼

在远古遗存下来的动物品种中，鳄鱼是最赫赫有名同时又是最古老的一种。从化石发掘出的资料可以看出，早在2亿年前，也就是恐龙主宰世界的时代，鳄类就存在了。只不过在中生代晚期，不知什么样的大祸临头，恐龙被扫地出门，彻底绝灭；鳄类却经过顽强抗争，生存下来了。

中国古代很早就有关于鳄的记载。中国人崇拜龙，科学家考证说，实际上龙就是以鳄为蓝本臆想出来的。我们的祖先把鳄称为"喷火的龙"，也称为"蛟龙"，使之成为人们顶礼膜拜的对象。

当然，人们崇拜的只是被异化了的鳄，而不是现实生活中的、活生生的鳄。现实生活中的鳄，不仅没有龙那样的堂堂仪表、凛凛威风，反而是个奇丑无比的家伙。它长着扁扁的头、扁扁的身子，身上披着角质的鳞，要多难看有多难看。

提起鳄鱼，人们往往会想到它那骇人的血盆大口，如锯齿般排列的钢牙，从而认为它是很凶猛的动物。中国唐代文学家韩愈，任潮州刺史时，还特地写过一篇《祭鳄鱼文》，声讨鳄鱼的罪恶。但实际上，大多数的鳄并不主动攻击人类，而是以水生昆虫、甲壳类、鱼类、蛙类为食。当然，也有些种类的鳄，如生活在热带地区的非洲鳄，东印度的食人鳄，的确是很凶残的动物，它们有时会突然跃出水面，把岸边的牛、羊等大牲畜拖下水吃掉，有时也会袭击人类。

鳄在吃东西的时候，往往边吃边流眼泪，因此，就有了一句谚语："鳄鱼的眼泪。"意即强者对被他伤害的弱者所表示的假惺惺的、廉价的怜悯，更反衬出强者的虚伪和凶残。但其实，这只是鳄，也包括其他一些爬行动物的生理特点。这类动物的肾脏不发达，流眼泪只不过是要排出身体内多余的盐分。至少对鳄鱼来讲，这其中没有丝毫的情感象征意义。

在远古的中生代，鳄的种类很多，数量也很多。仅仅在我国，发现的鳄鱼化石就有 17 个属。但时至今日，鳄鱼的数量已经十分稀少了。这或许是因为鳄鱼具有很高的经济价值，肉可食，皮可制革，因而历来都遭到人类的滥捕滥杀。此外，随着人类生产活动的增加，围湖造田，放干沼泽等，严重地破坏了鳄鱼的生态环境，也是使它数量锐减的原因。鳄鱼可以躲过

非洲鳄

中生代的天灾，却难逃后世的人祸，不能说不是一大悲剧。

中国现存的鳄，以扬子鳄最为有名。这种鳄是十分聪明的动物。它的洞穴，被弄得纵横交错，宛若迷宫。这样，一有敌害侵袭的警报，它就可以逃之夭夭了。它也是鳄类动物中唯一冬眠的一种，每年 10 月，它就进入冬眠期，直到第二年 4 月才苏醒，也就是说，一年中，它大约有半年时间处于昏睡不醒的状态。

由于鳄鱼是远古遗存的少数动物之一，因此，它具有很高的科学研究价值。科学界因之称它为"活化石"。现在，为了挽救濒临灭绝的鳄鱼，使它免遭恐龙的下场，人们已经发出了"救救鳄鱼"的呼声，并采取划定自然保护区、人工饲养等多种措施。也许，在现代科学技术的保护下，鳄鱼可以大难不

扬子鳄

死和人类共存共荣了。

🔖 会 "穿针引线" 的鸟

我们知道，裁缝是一项细巧的工作，不是所有的人都能胜任的。可是，你也许想不到，有一种身长只有 10 厘米左右的小鸟，竟然也会做裁缝，能够穿针引线来缝制它自己的窝。这种鸟就是缝叶鸟。

缝叶鸟

如果你有机会到我国的云南、广西南部一些地区，就可以发现缝叶鸟。它的身体和麻雀差不多大，但是比麻雀要漂亮多了。尖尖的嘴、丰满的胸部、长长而翘起的尾巴、纤巧而细长的腿，是那样玲珑可爱。

它全身的毛色也很漂亮：头是棕红色，眼圈呈浅黄色，上身是橄榄绿色，下身是浅棕色，当它在花丛中飞来飞去的时候，真是美丽极了。

它的性情非常活泼，整天在充满阳光的树林、花丛中飞个不停，跳个不停，叫声清脆悦耳。它大概知道人们喜爱它，所以总喜欢飞近人们的住宅和人接近。它平日吃的是昆虫，不吃粮食，对于人类是有益无害的，可以说是人类的好朋友。

使人觉得有趣和惊奇的地方，要算它做窝的技术了：它们的窝不是做在树枝之上，而是做在树枝之下，换句话说，就是挂在树枝上的。这是怎么回事呢？原来它们的窝是利用大树上几片下垂的叶子做的。每年夏季是做窝的季节，它们选好了树叶子，就以自己的尖嘴为针，寻找一些植物纤维或野蚕丝为线，然后穿针引线，把叶子缝在一起。缝的时候，就用双脚抓住叶子，用嘴穿孔，那样子有趣极了。缝完之后，为防止以后脱线，还懂得在收尾的地方打个结。这样缝好的窝是个口袋形，中间铺上柔软的叶子和羽毛，十分舒适温暖，好像是个"吊床"。

人们对这种奇特的鸟非常感兴趣，有人曾经把它们的窝取下来观察过，发现那窝缝织得非常细密整齐。它们不愧为动物界的缝纫能手！

植树鸟

某些鸟类具备非常奇特的本领，在秘鲁首都附近，就有一种会种树的鸟，其本领令人惊叹不已。秘鲁首都利马的北部，有一片荒芜的土地，那里从未有人去种植过树木。后来，人们发现那里出现了大片大片的树林，而这些树林的种植者，却是一群叫"卡西亚"的鸟儿。

卡西亚长得有些像乌鸦，身上长着黑黑的羽毛，白色的脑袋上长着长长的嘴巴，所不同的是，它的叫声比乌鸦要好听多了。

那么卡西亚是怎样种树的呢？原来，它们非常喜欢吃当地生长的一种甜柳树的叶子。它们在啄食甜柳树之前，总是先把树的嫩枝咬断，衔着枝叶飞到地上，再用嘴在地上挖个洞眼，将嫩枝插进洞里，然后慢慢地啄食着树叶。

拓展阅读

耕田鸟

非洲的一些地方，是用鸟来耕田的。这种鸟头颈长，体形魁梧，重500多千克，比骆驼还重。它觅食或饮水时，脖子可伸长3～4米。当地农民捕捉到它后，会先锯掉它的翅膀，经一段时间驯养，它就可下田耕作，速度并不慢于牛。

甜柳树枝被留在土壤里，很容易生长，要不了几天工夫，就扎根生长起来了。几个月以后，甜柳枝就长成小树了。

卡西亚总是成群地聚在一起啄食甜柳树叶，一起插枝，就这样时间长了，很自然地栽植了大片大片的树林。

卡西亚为人们植树造林，受到当地群众的爱护，谁也不随意捕捉它们，还尊称它们为"植树鸟"呢。

榉 鸟

还有一种会植树的鸟，叫作**榉**鸟。它有一套很奇特的储粮方法。每年越冬前，**榉**鸟会携带"粮食"，寻找两棵树的中间位置，并以其为基点，每向前走40厘米，埋下一堆（二三十颗）橡子，一堆堆地埋藏。有的鸟以一根树干为基准，在离树干2.8米处先埋下第一堆橡子，然后再一堆堆地埋藏。这种有规律的贮藏方式，显然是为了今后便于取食。

春天来了，埋在地下的橡子有的已经发芽了。鸟来到这个储粮所，将它们一个个地刨出来，用嘴衔回巢内。原来，这些发芽的橡子，是**榉**鸟委托大自然，为自己未来的儿女加工的食粮。因为，橡子的硬壳不易咬开，而发芽了的橡子对小鸟来说，既易消化，又富有营养。那些吃不完的橡子留在地下发芽生长，变成小树。

榉鸟也是大自然的义务植树者。据说，树林的橡树，有80%是鸟和松鼠等小动物义务"种植"的。

◨▶ 用舌头 "听" 声音的啄木鸟

啄木鸟的舌是最令人惊异的动物器官之一。它的奇异程度是如此之高，以至于经常被创造论学者引用，来作为进化是有缺陷的说法的一个证据。在很多种类的啄木鸟中，舌伸长后的长度竟然相当于整个身体长度的2/3，而且上面布满了黏黏的唾液，具有很多锐利的倒钩，在末端还长着一个"耳"。

实际上，啄木鸟的舌的结构与大多数其他鸟类的非常相似，只是比它们的舌更长，这大概是因为它传递了一种进化上的优势，从而可以使它的舌能够伸到树干的深处去捕捉里面的昆虫。它的奥秘在于具有一系列极薄的舌骨，当不用舌的时候，舌的软骨就像手风琴一样折叠在充满流体的鞘里。当啄木鸟伸舌的时候，强有力的肌肉在靠近舌根的部位收缩，强迫舌骨往前伸，从而将舌伸到了鸟喙的外面；而肌肉的松弛又将舌

灰头啄木鸟

再次收回到鞘里。当啄木鸟出生的时候，它的舌就固定在耳的附近，跟小鸡的情况差不多。随着啄木鸟的生长，舌骨鞘就会逐渐向四周延伸并盖过头骨，这时它便与鼻孔的后部结合在一起了。至于长在舌尖上的"耳"，则是一个感受压力的神经末梢的集合体，称为赫伯斯特氏小体，能够感觉到作为猎物的昆虫的最微小的振动。

全世界有 200 多种啄木鸟，每一种都有自己独特的啄木速度和节奏，有的甚至达到了每秒 16 次。每啄一下，啄木鸟都会暂时将其头部停住，这种力量相当于地心引力的 1 000 倍（或者是一名宇航员在火箭发射时所承受的力的 250 倍）。它的头部没有被震碎的原因是有一个海绵状的软骨垫，可以将大部分的振动消除。而且每一次啄击树干，啄木鸟都会通过一组肌肉的作用，使头骨远离它的鸟喙。

趣味点击　啄木鸟的舌头

啄木鸟的舌细长而富弹性，其舌根是一条弹性结缔组织，它从下颚穿出，向上绕过后脑壳，在脑顶前部进入右鼻孔固定，只留左鼻孔呼吸，这种"弹簧刀式装置"可使舌能伸出喙外达 12 厘米长，加上舌尖生有短钩，舌面具黏液，所以它的舌能探入洞内钩捕 530 余种树干害虫。

俗称"报雨鸟"的啄木鸟

啄木鸟的敲击并不是为了寻找食物，而是它们用来交流和吸引异性的一个"信号"。啄木鸟经常选择回声较高的材料，例如枯死的树木、金属排水管或者木质的屋檐等。搜寻昆虫或者开凿洞巢时，敲击的速率是不同的。

普通绿啄木鸟也被叫作报雨鸟，如果听到它们独具特色的"笑声"，就意味着大雨要来了。这可以追溯到一个《创世记》故事的早期版本，上面说啄木鸟因拒绝帮助上帝开凿河流和海洋而受到惩罚，被强迫进行啄木并且只能喝雨水。这类鸟儿曾经拥有 40 个英文俗名，包括"凿洞者"、"疯狂的鞭子"和"画廊鸟"等。

◣ 企鹅的降生

企鹅是世人公认的抗寒勇士，大凡与严寒、冰冷有关的商标，都常以它的形象为图案。企鹅居住在冰天雪地的南极大陆，它们是怎样繁殖后代、生儿育女呢？人们经常替它们担忧。

南极大陆异常寒冷，繁殖时生下的蛋，不是要冻成冰球吗？人们的推论当然是有根据的，但对企鹅来说，这是根本不存在的，因为企鹅具有抗寒御寒的特殊本领，能够战胜寒冷，保护儿女顺利出世。

憨态可掬的企鹅

爱护后代是企鹅的天性，雄、雌企鹅齐心合力，共同抚养孩子。企鹅妈妈对孩子体贴入微，它的爱抚无微不至；企鹅爸爸也毫不逊色，疼爱子女甚至胜过企鹅妈妈。当儿女即将出生时，它们激动万分。

基本小知识

南极大陆

南极大陆是指南极洲除周围岛屿以外的陆地，是世界上发现最晚的大陆，它孤独地位于地球的最南端。南极大陆95%以上的面积为厚度惊人的冰雪所覆盖，素有"白色大陆"之称。

雌企鹅一次只生一个蛋，它生蛋的时候雄企鹅一直守候在身旁。蛋刚刚降生地面，雄企鹅立刻奔向前去，用嘴巴将蛋滚动到自己的脚面上，企鹅的腹部皮肤松弛，肚皮下面伸出一个厚厚的皮褶，就像一个皮囊，紧紧地把它脚面上的蛋包裹起来。企鹅的皮肤含有丰富的脂肪，是天然保温防寒层。覆盖在蛋上的皮褶，比鸭绒被子还要保暖，蛋不会受到寒冷的侵害，完全可以孵化。

知识小链接

孵 化

孵化是发生于卵膜中的动物胚胎，破膜到外界开始其自由生活的过程。孵化一词，一般虽指卵生动物，但也适用于卵胎生动物。

企鹅爸爸照料尚未出世的儿女非常用心，走路小心翼翼，左右脚交替挪动，轻轻踏地，生怕蛋会跌落下来受伤。为了蛋的安全，它几十天不吃东西，坚守岗位。企鹅妈妈对子女更是牵肠挂肚，每次下海捕食归来，总是急不可待地奔向家园，看看孩子。它从雄企鹅身上接过蛋，亲自孵化。交接蛋的仪式是非常庄严的。雄企鹅与雌企鹅面对面地站立，脚尖碰着脚尖，雄企鹅用嘴巴将蛋推向脚背，蛋立即转移到雌企鹅的脚背上，雌企鹅再用肚皮下面的皮褶把它包盖上。

经过五六十天的孵化，小企鹅破壳出世了。刚出生的幼小企鹅当然不能独立谋生，还要依靠父母喂食。我国奔赴南极大陆进行科学考察的生物学家，发现企鹅喂养儿女的习性异常独特，它们从海中捕鱼归来，径直奔回自己的儿女身边，将食物喂给孩子。在数目多得难以计算的幼小企鹅中，父母竟能毫无困难地识别自己的亲生骨肉，而不会张冠李戴，真叫人万分惊诧！

企鹅"爸爸"细心照料刚出生的小企鹅

▶ 超声波　"专家"

由于蝙蝠长得奇形怪状，关于它的属类，历来就有许多不同的说法。有人说它是非鸟非兽的怪物，甚至也有人牵强附会地说，蝙蝠是老鼠成"精"，因为两者不仅外形相像，而且生活习性相同。你看，它们都住在阴暗、潮湿的洞穴里，都喜欢在夜晚出来活动，也都会发出吱吱的叫声……就这样，蝙蝠不明不白地蒙受了"名誉"上的千古奇冤。

近现代的生物学研究，为蝙蝠彻底平了反。其实，蝙蝠和鸟只是形似，在本质上却有着很大的差异。比如：鸟的喙是角质的，嘴里没有牙齿，而蝙蝠的嘴里却有细小的牙齿；蝙蝠会飞，但它的"翅膀"其实只是异化了的前肢，上面有一层薄薄的翼膜，这和鸟类的羽翼是根本不同的；更明显的不同是，鸟类都是卵生的，蝙蝠却是胎生的。因此，无论从哪个角度讲，蝙蝠都和虎、豹、豺、狼一样，是不折不扣的兽类，而不是鸟。只不过，它是会飞的小兽而已。

作为兽类，蝙蝠有一种出奇的本领，在朦胧的暮色里，捕食在半空中飞走的昆虫，就如探囊取物一般。在科学不甚发达的时代，有人认为，蝙蝠一定有一双明察秋毫的"夜明眼"。但现代的科学实验证明，这家伙的视力差劲之极，即使咫尺之内的东西，它也视而不见。

蝙　蝠

那么，蝙蝠捕起昆虫来，又怎么会有那样出神入化、百发百中的能耐呢？

原来，蝙蝠另有一种令人叫绝的"特异功能"。据科学家观察，它的喉咙能发出很强的超声波，而它高高耸立的耳朵，又有着非常复杂的结构，成为一个接收超声波的仪器。当超声波在空中遇到飞行的小虫，便被反射回来。它的耳朵听到回声，便可以准确判断小虫的准确位置，然后以迅雷不及掩耳之势直扑过去，把这些胆大包天、胆敢阻挡它声波的家伙抓住，美餐一顿。尤其令人不可思议的是，它甚至可以根据反射回来的声波，准确判断拦路的是食物还是树木、高墙等障碍物，从而做到百发百中、有的放矢。

我们日常看到的蝙蝠多为褐色，也有些为淡红色、黄色、白色，或夹杂有说不上漂亮的白斑、白纹。它的形体差异也很大，最小的体重仅 1.5 克，最重的一种狐蝠，则达 1 千克。

总体来看，蝙蝠是一种益兽。它们消灭害虫，传播花粉，扩散种子，可以看成是人类的朋友。但也有些蝙蝠会毁坏作物，传染疾病，骚扰住宅，为人类带来不幸和烦扰。

此外，尚值一提的是，有些蝙蝠还可食用。这家伙虽然长得

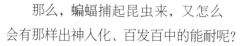

拓展阅读

蝙蝠的药用价值

蝙蝠可用作一种中药，用于治疗久咳、疟疾、淋病、目翳等。它的粪便也是一种中药，叫夜明砂，用于治疗目疾。

丑陋不堪，但只要真敢下筷子，据说滋味还不错。

看到这里，你也许又会说："世界真奇妙。"还有更奇妙的呢，世界上还有以蝙蝠为朋友的植物呢。

在美国西南部有 130 多种植物完全依靠蝙蝠来传粉受精、繁殖后代，科学家给这些植物起了个名字，叫蝙爱植物。其中以龙舌兰最具代表性。

夜晚，月华初升，蝙蝠开始活跃起来。而这时也正是大朵的龙舌兰竞相开放的时候，它们散发出一股刺鼻的香味在林中飘荡。这种香味中含有丁酸分子，而蝙蝠身上的气味中就含有丁酸。在同样的气味的吸引下，蝙蝠展开双翼向龙舌兰飞去。

靠蝙蝠传播花粉的龙舌兰

龙舌兰的雄蕊花粉非常突出，当蝙蝠把头伸入花冠吸吮花蜜时，它的头和胸上就会沾满花粉，等它飞到另一朵花上采蜜时，就帮助龙舌兰完成了传粉工作。蝙蝠喜爱这种植物是有道理的，因为帮它传粉得到的报酬十分丰厚。龙舌兰一个大花序上就能提取 50~60 毫升花蜜，其中蛋白质含量高达 16%，而龙舌兰的花粉本身也是蝙蝠的美餐，这些花粉中蛋白质含量甚至可高达 43%！

无论是龙舌兰的香型、开花时间，还是花蜜和花粉的营养，都十分适应蝙蝠的需要，难怪蝙蝠喜爱它。

▶ 海外归来的游子

我国古代神话小说《封神演义》中，周朝军队的大元帅姜尚有一匹神异的坐骑——四不像。它长着麟头、豹尾、龙身，看上去威风得很。

无独有偶，我国的野生动物中，也的确有这么一种看上去什么都像，细端详又什么都不像的怪兽——麋鹿。它的角似鹿、颈似驼、尾似驴、蹄似牛，因而荣获了和姜尚坐骑平起平坐的名字——"四不像"。

麋鹿原是我国的特产。早在几万年以前，它们就广泛分布于我国中部和北部的低洼沼泽地带。3 000多年前的周、商时期，它们成群结队地漫游于黄河流域一带。仅在商都的遗址——河南安阳的小屯，发掘出的麋鹿化石就达1 000多具，可见它的"人丁"何其繁盛了。但以后，由于自然环境的变异，它们的数量不断减少。到清代前期，只有北京南苑的"南海子皇家猎苑"中，还饲养着一群。野生麋鹿则已荡然无存了。

19世纪中叶，麋鹿的怪模样引起了外国人的注意。法、英、德、比利时等国的外交官和传教士，通过贿赂猎苑守卫，用明抢暗偷、巧取豪夺等手段，弄走了一批，饲养在各自国家的动物园里。但在我国，由于清朝末年内忧外患，战火连绵，麋鹿数量不断锐减。1900年，八国联军侵入北京，"南海子皇家猎苑"被洗劫，其中的麋鹿，或被劫运海外，或做了砧上之肉。这种珍稀动物，自此便在我国消失了。

基本小知识

化 石

化石是存留在岩石中的古生物遗体或遗迹，保存在地壳的岩石中的古动物或古植物的遗体或表明有遗体存在的证据都谓之化石，最常见的是骸骨和贝壳等。研究化石可以了解生物的演化并能帮助确定地层的年代。

麋鹿是一种特殊的鹿科动物，草食性。雄鹿有角，但没有眉叉。尾巴比一般鹿长，还生有丛毛。在形体上，它可算鹿类家族中的大个子，一般体长约2米，重100～200千克。随着季节的变异，它的毛色也随之改变，冬天显棕灰色，夏天呈淡红褐色。它那两条得天独厚的长腿，使它奔跑起来十分迅捷。尤其令人不可思议的是，它虽然长得其貌不扬，却是个游泳的行家里手。而且，这家伙外表温顺，内里刚猛，如果有天敌来打它的主意，无论是人还是食肉类猛兽，它都敢用自己的角作武器，结结实实地和对方打上一架。

麋鹿的繁殖能力极低，每胎只生一仔，孕期却长达 10 个月。这也是它在激烈的生存竞争中，种群逐渐减少的原因吧！

麋鹿在中国绝迹了，在海外却得繁衍生息。到 20 世纪 80 年代，"侨居"海外的麋鹿已经达到 1 000 余头。1956 年，英国伦敦动物学会给北京动

麋　鹿

物园送来两对麋鹿，此后，英国沃旧恩庄园送归 25 头，国际自然和自然资源保护同盟、世界野生动物基金会，又送来 39 头。受尽坎坷的海外游子麋鹿，终于得以重归故土了。为了保护这种叶落归根的珍稀动物，我国在它的祖居——南海子，为它们重建了家园，并在江苏省丰县，开辟了麋鹿自然保护区，使它回归自然。这样，麋鹿终于结束了漂泊流浪的命运，可以再一次成为子孙满堂的动物群了。

◐▶ 奇懒无比的蜂猴

如果有人问："什么动物最好动？"你一定会马上想到那整日蹦蹦跳跳、攀岩过崖、没半刻安分的猴子。但在这里要告诉你，大自然中的事物就是这样奇怪。因为世界上最懒的动物也是猴——蜂猴。

蜂猴也属于灵长目，看上去倒是蛮可爱的一种小动物。它身被黄毛，背中央还有一道深栗色的直线，搭配得煞是好看。它的个头不大，外形有点像猫，眼睛又大又圆，周围有一道黑圈，宛若戴着一幅"现代派"的墨镜。它的身体又粗又胖，一看就知道过的是养尊处优的生活。

不过，蜂猴的生活习性可和"灵长"毫不相关，因为它太懒了，简直已

蜂 猴

经懒到了令人难以理解的程度。白天它生活在树洞或树枝间，把身体蜷缩成一个毛茸茸的圆球球，一睡就是一天。晚上，它睁开眼睛，开始在树枝上慢腾腾地爬行，遇到可吃的东西，就随便吃上一点。也许为了减少活动量，它吃得很慢、很少，为了不动嘴，几天不吃也是常事。即使有敌害袭来，它也只是慢条斯理地抬头看上一眼，就不理不睬了。因此，它又得了一个雅号：懒猴。

蜂猴动作虽然慢，却也有保护自己的绝招。由于它一天到晚很少活动，地衣或藻类植物得以不断吸收它身上散发出来的水气和碳酸气，竟在它身上繁殖、生长，把它严严实实地包裹起来。这可帮了蜂猴的一个大忙，使它有了和生活环境色彩一致的保护衣，很难被敌害发现。因此，它又得了一个雅号：拟猴，意思就是它可以模拟绿色植物，躲避天敌伤害。

蜂猴又被称为原猴类，是灵长类进化中相当原始的种类。也许因为太懒了，懒得连逃跑的"运动"都不做，所以尽管它有模拟"绝活"，数量还是不断锐减。目前只有在东非和南亚，才保留下为数不多的"遗类"。

蜂猴生活在热带、亚热带的密林中，这些地方天敌较少，气候温暖湿润，四季如春，到处都是四季长存的草食树果，触手可及，张口可食。人们说，这才养成了它懒得不能再懒的生活习性。可见，过于优裕的生活条件，无论对人还是动物，都是有害的。

蜂猴每次只生一胎，偶尔也有双胞胎的。所幸的是，它还没有懒到连孩子也懒得生。否则，这一物种可就真要灭绝了。

不过，就如俗语说的"物以稀为贵"，由于蜂猴存世数量不多，反而使它跻身于珍稀动物之列，成了身价不凡的被保护对象。对蜂猴来说，这也算是不幸中之大幸了吧！

🔊 动物的化学"语言"

俗话讲人有人言，兽有兽语。动物的"语言"是指动物利用声音、动作或化学气味来传递信息，彼此"沟通情意"。这是一种奇特的语言。科学家们研究发现，猴子有 30 多种词汇，海豚有 500 多种词汇。海豚之间能进行这样的对话：

"救命啊！"

"敌人来了！"

"哪儿有东西吃？"……

许多动物，例如昆虫、鱼类和一些哺乳类是依靠特殊的化学气味来辨别同类和传递信息的。藤壶就是其中一种。藤壶是生活在海洋中的甲壳类节肢动物，它的幼体可以游泳，随着海浪四处漂浮。渐渐成熟的藤壶长出

能够运用 500 多种词汇的海豚

外壳后就可以保护自己了，便不再漂浮，而是固着在船底或岩石上，过着定居的生活。许多藤壶密密麻麻，堆积在一起，似小山丘。一艘船底满附着藤壶的船会因此使船速降低 30% ~ 40% 。藤壶的形态特异，体外有石灰质组成的壶板，口位于前端，口后有六对附肢，细长如蔓。故藤壶也有"蔓足类"之称。是什么原因使藤壶都聚集在一起的呢？原来藤壶可以分泌出一种特殊的化学物质，可使它的同类跟踪到这种信息，而聚集到一起来。

知识小链接

触　角

触角是昆虫重要的感觉器官，主司嗅觉和触觉作用，有的还有听觉作用，可以帮助昆虫进行通讯联络、寻觅异性、寻找食物和选择产卵场所等活动。

说到动物的化学语言，当然不能不说昆虫。昆虫没有鼻子，它感受气味刺激主要是通过触角上的嗅觉感受器。气味实际上就是某些化合物，因为这些物质起到通讯联系的作用，所以也被称为信息化合物。那么昆虫如何利用气味语言呢？主要方式是通过昆虫分泌的外激素。这是由昆虫的某些腺体分泌并释放到体外的信息化合物，它易挥发，弥漫在空气中随风飘动，在昆虫个体之间传递各种信息，诱发和调节昆虫的行为。所以这种昆虫外激素又叫昆虫信息素。不同的外激素对昆虫起着不同的作用。

　　有些外激素的作用对象只是同种昆虫个体。性外激素，多是由雌虫分泌并释放，引诱雄虫前来交配。交配后，停止分泌。性外激素具有专一性，即只招来同种异性个体，不会引来其他的种类。这类激素留下的痕迹的引诱距离，不同的昆虫也不尽相同。如家蚕仅为几十厘米；某种天蚕蛾远达 4 千米；而嗅觉最灵敏的蝴蝶性外激素，能波及 11 千米，使雄蝶沿性外激素痕迹飞来。

基本
小知识

外　激　素

　　动物可以将激素分泌到体外，使同种属的其他动物感受到这种外激素。外激素在很多动物中存在，从单细胞动物一直到哺乳动物。不过，外激素是否在人类中存在，却没有定论。动物可以通过外激素来告诉其他动物自己的行为和内分泌状态，它们可以载有动物的社会和性状况信息。

　　除性外激素外，昆虫还会分泌报警外激素、追踪外激素和聚集外激素。报警外激素是昆虫遇险时释放的化学物质，使接受到此信息的同种其他个体警觉不安，或及早逃走，或奋起还击。人被一只蜜蜂螫了，往往很快遭到大批蜜蜂的围攻，因为蜜蜂把螫刺留在人皮肤中的同时，也留下了报警外激素，如果这种气味激怒蜂群，后果是很危险的。蚁巢面临危险时，蚂蚁也产生报警外激素：召回兵蚁参战，让工蚁赶快修复巢穴或携带卵和幼虫逃跑。

　　社会性昆虫（蚂蚁、白蚁）等常释放追踪外激素，可以指引同伙寻找食物。如火蚁用螫刺在地面上连续涂抹有气味的物质，同伴便沿着这条"气味走廊"爬向食物。

聚集外激素可吸引同种个体聚集并进行一系列活动，如取食、交配、越冬等。例如鞘翅目的小蠹虫，当它们对生活环境不满意时，便分泌这种物质，于是就成群结队地飞到更合适的地方。聚集现象可以是暂时的，像蝗虫、蝴蝶的群集迁飞；蚊子、昆蜉等的婚配聚集；或是瓢虫的越冬聚集。也可以是永久性的，像蜜蜂就是这样。

蝴蝶以聚集外激素沟通

因为蜂王不断分泌聚集外激素，对蜂群产生强大的凝聚力。

◐ 动物的声音 "语言"

昆虫无真正的耳朵，但它的听觉却非常灵敏，且它们能听到的声音频率比人宽得多。有些声音，尤其是高频声波人听不到，而昆虫却可以听到。昆虫接受识别声波刺激主要靠听觉感受器。昆虫的听觉感受器大致有三种：听觉毛，分布于昆虫的触角、尾须或体表上；江氏器，位于触角的第二节里，从外表看不出来，是高度进化的听觉器官，尤以蚊子最发达；鼓膜听器，是外形明显的听觉器官，如蝗科昆虫腹部的鼓膜，蝉腹部的浆膜以及螽斯、蟋蟀足上的足听器。

昆虫发出的声音各异，其发声方式也不尽相同。

翅膜振动发声。蜜蜂、苍蝇、蚊子等没有专门的发声器官，它们发出的嗡嗡声，是靠翅上下振动空气产生的。

虫体与其他物体撞击发声。黄蜂巢受袭击时，警戒蜂则撞击巢侧壁示警；白蚁用头或大颚叩击蚁巢洞壁发声；有一种小虫，用头撞击树木，发出像钟摆般的嘀嗒声。昆虫坚硬的上颚啃食物也能发声。

摩擦发声是昆虫最常见的发声方式。发音器由音锉（又叫音齿）和刮器

海马可以发出"呼噜"声

组成，当二者协调动作、反复摩擦时，就如同用薄板在梳子上摩擦一样，发出"扎扎"的声音，像蝗虫的音齿和刮器都长在翅上。

膜振动发声是昆虫利用声鼓器发声的方式。雄蝉腹部第一节两侧大而圆的盖板下，各有一片如同鼓皮一样的弹性薄膜，叫声鼓。它的内面与肌肉相连，肌肉舒缩，声鼓便一上一下振动，产生连续而高亢的蝉鸣。通过调节肌肉收缩的速度和强度，蝉鸣的声音时高时低。

气流发声是昆虫用"口"发声的极少数的方式。有一种天蛾发音器官是口器中的内唇，当咽的肌肉收缩时，吸入气流，这股气流通过内唇与咽底狭小空间时受阻，便发出悠长的哨声。

昆虫通过发音器官和听觉器官的密切配合，形成一套完善有效的声音通讯系统，通过声波把昆虫个体紧紧联系在一起。

鱼类的声音语言也是丰富多彩的。沙丁鱼发出的音响如同风吹过树叶般的"哗啦、哗啦"。豹蟾鱼发出汽笛般的鸣声。海鲶鱼发出的声音像在有节奏地击鼓。

刺鲀、海马发出的声音如同熟睡的人，"呼噜、呼噜"声不绝于耳。如果你听到的是锉刀锉金属的声音，很可能是隆头鱼在歌唱。而处于繁殖季节的黄花鱼发出的"咕、咕"声，与蛙的鸣叫声相仿。

鱼类并不像鸟类具有鸣肌，更不像人类具有声带。鱼类发出的声响一类是生物声，一类是机械声。生物声是由鱼体某些器官发出的，例如鱼鳔的振动，牙齿、鳍条、骨头的摩擦。此种声音传播较远，有着重要的生物学意义，是个体间相互联系的主要方式。尤其是在鱼类的生殖季节，生物声更加多样、婉转，以吸引异性的到来。例如：大黄鱼产卵前发出"吱吱、沙沙"的声音，产卵时像打着小鼓一样发出"咚咚"之声；而产卵后，还会"吱吱"叫个不停。

鱼类的机械声是由于鱼类击水、挖掘洞穴、摄食、咀嚼等发出的。每种鱼根据习性、大小，机械声也不尽相同。如翻车鱼咀嚼食物时，会发出咽喉齿的摩擦声，那咬牙切齿的"吱吱"声令人毛骨悚然、不寒而栗。鱼类发出的声音除了同类之间的联系外，还可以在深海中探测水深，或是在危险来临时，警告鱼群逃避敌害。例如：安康鱼就发出"吼——呜特，吼——呜特"的声音，恐吓别的鱼，不让它们进入到自己的领地。

水中鱼的种类繁多，鱼的声音更是千奇百怪。这变化万千的鱼的"歌声"，延绵不断，不绝于耳。

你知道吗

海鲶鱼

海鲶鱼俗称胖头鱼，又叫虾虎鱼。属鲈形目，虾虎鱼亚目，暖温性中小型底层杂食性鱼类，约有 800 余种，我国黄海、渤海沿岸浅水区常见品种为矛尾复虾虎鱼。虾虎鱼头大、口裂大、齿细密；眼小，眼间隔宽平；体形圆柱形，前部粗大，尾部略扁平；体被细小栉鳞，体肤光滑附着较厚黏液，脊背色棕灰，腹部乳白，腹鳍相连呈圆形，具有吸盘功能，能固定身体于石块之上。性成熟期腹部呈淡黄色，腹鳍泛红。一般体长 25～30 厘米，尾重 150～200 克，最大个体体长可达 50 厘米以上，尾重超过 500 克。

▶ 动物 "气象学家"

这是一个叫人难以置信，然而却是真实的故事。故事发生在 1976 年盛夏，几位渔民沿着河岸缓缓行走，仔细地寻找着鳖卵。当时洪水刚刚过去，河床的两侧还留有洪水的痕迹。他们寻找了一会儿，终于在岸边高处沙滩上找到了鳖卵。经过实地测量，发现鳖卵产地距离洪水痕迹高出 6 米，一位有经验的老渔民断言道："今年还有一次更大的洪水！在鳖产蛋后的30天左右，洪水就会到来！"

事实果然不出老渔民所料，不久这里就连续下起暴雨，河水迅速上涨，淹没了几万亩晚稻。河水水位正好涨到距离第一次洪水水位6米高的地方，紧紧挨着鳖卵产下的沙窝。

基本小知识

生 物 学

生物学是自然科学的一个门类。它是研究生物的结构、功能、发生和发展的规律，以及生物与周围环境的关系等的科学。生物学源自博物学，经历了实验生物学、分子生物学而进入了系统生物学时期。

这难道是巧合吗？不，因为他们接连发现，河岸的鳖卵沙窝都不约而同地处在同样一个高度，这不暗示着某种生物学的内在规律，这能不说明一个问题吗？

广 角 镜

钓鳖的注意事项

鳖遇到有东西探入口中，常死咬不松口，有经验的钓者常利用鳖翻身先探出脖子的特点，将鳖翻过来，使它背朝地面，待它欲翻身伸出脖子使时迅速掐住它的脖颈，用脚踏住其腹部，拉出脖子然后摘钩，但这必须熟练，不能犹豫，不然很难掐住，且有可能被其前爪抓伤。实在不行，则只有剪短钓线等回家宰杀时再处理。

万一被鳖咬住，先不要紧张，不可硬拽，将鳖和手一同放入水中，此时鳖一般即可松口。

于是人们开始议论纷纷，做着各种各样的猜测。而动物学家们则从鳖的生活习性、居住环境、繁殖后代等多方面进行研究。

鳖产卵的位置、时间与洪水水位和洪水到来的时间，究竟存在什么关系？目前虽然尚不能做出令人满意的回答，但还是提出了供人思考的科学思路。

鳖卵产下以后，要经过30天左右才能孵化成幼鳖。如果洪水水位很低，或者洪水迟迟不来，鳖卵所处的位置很高，那么刚刚孵出来的幼鳖，在爬向河中的时候，会因路途太长而中途干死，不能进入河水之中，那么它的后代便夭折了。

相反，鳖卵孵化不足 30 天，幼鳖尚未出世，而洪水提前到达将鳖卵冲跑，它同样遭到繁殖后代的失败。因此，若想让后代安全出世，还真要动脑筋认真算一算呢！鳖只有将产卵的时间、地点与洪水到来的时间、地点保持一致，鳖才能不断繁衍生息，否则就会被大自然淘汰！

可以预报暴雨的鳖

看来鳖经过祖祖辈辈的经验积累，已经计算好了这个数字。尽管这对于人们而言，至今仍然是个不解之谜！

◗ 长寿的动物

动物中寿命最长的可能是龟。1737 年，科学家们在印度洋的一个岛上捕获了一只象龟，据鉴定，它的年龄当时是 100 岁左右。这只龟被送到英国，在一个动物园又活了很长的时间，20 世纪 20 年代还生活在那里。假如捕获这只象龟时动物学家的计算是正确的话，这只象龟的寿命大约在 300 多岁。

海龟是一种非常长寿的动物

有些鱼类的寿命是很长的，1794 年在莫斯科近郊的一个湖里捉到一条狗鱼，它的鳃盖上穿着一个金环，上面刻着："沙皇鲍利斯放生。"沙皇鲍利斯生活的年代是 1598～1605 年，这条狗鱼在湖里生活了 200 年左右。可是许多现代专家对此表示怀疑，认为狗鱼只能活70～80年。现在科学家们已研究出一种从骨骼和鱼鳞上的年轮来确定鱼的年龄的方法，用这种方法，已测出大白鲟能活 100 多年。人工饲养的鱼就比较好确定它们的寿命了，如人工饲养下鲶鱼能活 60 岁，鳗鱼能活 55 岁，金鱼能活 30 岁。

趣味点击

龟和太阳

一只龟一天要晒上 1～2 小时的阳光。

如果龟得不到阳光，钙难以吸收，甲会软，四肢会发烂、发白，眼睛变肿，没食欲，久而久之，龟的抵抗力就会下降。

怪山与奇石

　　山是指地壳上升地区经受河流切割而成，高度较大，坡度较陡的高地。自然界中的山很多，有高耸入云的，有低矮成丘的。总之，无论是高山还是矮丘，都离不开石头的堆砌，山和石之间，是休戚与共的同生关系。

　　自然界中的怪山奇石很多，会飞的石头，会跑的石头，会变色的石头，会出汗的石头，比比皆是，让人在流连这些奇景的时候，心中不免惊叹大自然的奇特之处。

　　大自然以其神奇的力量，打造了一个又一个奇特的景观，令人们在感叹造物主的神奇之时，深深地被大自然的神奇力量所折服。

火山奇观

自然界有这样一种奇观：地下火龙大发雷霆，要冲出地表。这时，大地轰鸣，山呼海啸，浓烟蔽日，烈焰冲天。顷刻，雷鸣电闪，暴雨倾盆。当暴怒稍息之后，高达1 000℃以上的熔岩从地缝里滚滚地流出，好像无数条火龙汹涌奔流。如果洞口凝固的岩石胆敢阻挡它们的前进，激怒的火龙就会把这绊脚石冲击得粉身碎骨。亿万吨的砾、砂、灰直冲云霄，然后又像焰火似的坠落大地，埋葬了周围的所有生物，毁坏了人类社会的物质文明。暴怒完全平息后，大地又恢复了平静，只有那熔岩冷却后形成的锥形山峰，洞口升起的袅袅轻烟，以及山下的断壁颓垣，才表明这里曾经爆发过火山。

在西方语言中，"火山"意为"燃烧的山"。其实，山是不会燃烧的，而所谓的火，就是岩浆活动冲出地表的结果。我们知道，地球内部有许多放射性元素，它们能释放出巨大的热能，使岩石熔化形成岩浆。岩浆活动频繁的地区往往形成较大的裂缝，活动的岩浆正沿着裂缝运动，一旦冲出地表，就是火山爆发。当然，多数岩浆无力冲出地表而在地下冷却形成岩石，比如花岗岩。

知识小链接

放射性元素

放射性元素是能够自发地从不稳定的原子核内部放出粒子或射线，同时释放出能量，最终衰变形成稳定的元素而停止放射的元素。这种性质称为放射性，这一过程叫放射性衰变。含有放射性元素的矿物叫放射性矿物。

火山不仅没有火，有时也没有山。所谓的山只是由地下喷出的碎屑沿着裂缝口逐渐向上堆积，最后形成的中央高、四周低的锥形山峰。例如日本著名的富士山，高达3 776米，最后一次爆发是在1707年，现在仍在冒烟。山顶白雪皑皑，山间飞瀑泻玉，北临富士五湖，成为日本首屈一指的风景区。我国大同附近的火山，也属于这个类型。

也有的火山早期爆发后就夭折了。仅在地下炸开一个大坑，于是积水成湖，晶莹的蓝色湖水，常常使许多游客流连忘返。例如我国的位于长白山脉白头山上的天池，小兴安岭上的五大连池，都是火山活动后形成的堰塞湖。

富士山

更多的火山爆发是在海底，不少海岛就是由火山爆发所形成的火山岛。特别令人难忘的是地中海中的斯特朗博利火山，可说是火山中的君子。温文尔雅，循规蹈矩。每小时准时爆发 2～3 次，已经持续了 2 000 多年。它没有惊心动魄的爆炸，只从火山口内几个小喷气孔中轮番喷气，爆炸轻微。每当沉沉夜幕笼罩大海时，茫茫的地中海漆黑一团。突然，一阵美丽夺目的红光凌空而起，划破了沉寂的夜空，照亮了周围的海面，给迷途的航船指明了方向。千百年来，它就这样一直屹立在海中，任劳任怨地为航海者服务。因此，人们亲昵地称它是"地中海上的灯塔"。

但大多数的火山却是桀骜不驯、喜怒无常的。它们不鸣则已，一鸣惊人。像意大利南部著名的维苏威火山，在公元 79 年以前，一直被人们认为是死火山。

广角镜

火山研究

火山学是一门研究火山、熔岩、岩浆及相关地质现象的学问，研究的人称为火山学家。火山学家常常要实地造访火山（特别是活火山）来观察火山喷发，采集喷发的产物，例如火山喷发碎屑、岩石及熔岩样本。另外一个研究的重心是预测火山的喷发。目前并没有准确的方法可以预测火山的喷发，但是预测火山的喷发如同预测地震一样可以拯救许多生命。

可是，就在这年的 8 月 24 日，它猛烈地爆发起来。经过八天八夜的咆哮，无数的烟灰竟把附近繁华的古城庞贝和古镇赫库兰尼姆全部埋葬了。经过 200 多年的发掘，沉埋了 1 900 多年的庞贝古城风光也已清晰可见。若再经过几十年的发掘，古城就必将完全重见天日了。

奇特的火山

格姆维特火山喷发出来的是冰

世界上有很多火山。大家知道，火山喷发出来的应该是火热的岩浆。但是，有些火山却是例外。

意大利西西里岛的埃特纳火山就是一座喷金的火山，法国科学家探查出这座火山每天的喷出物中约有 2.4 千克的金子和 9 千克的银子，它们和其他一些喷发物以气体状态喷入五六十米的高空，在空中冷却后再以粉末状降到地面和地中海。

喷发金子的火山还不算奇怪，更

奇怪的是冰岛南部海滨的格姆维特火山，爆发时喷出来的不是火与灰，而是冰块。据观测，每秒喷出的冰块有 420 立方米。

与此相类似，在哈萨克斯坦的缅布拉克山谷，科学家们发现一座奇特的火山，它的火山口直径有 1 000 多米，它喷出来的也不是火与灰，而是水。所以火山

你知道吗

活火山

活火山是指正在喷发和预期可能再次喷发的火山。那些休眠火山，即使是活的但不是现在就要喷发。而在将来可能再次喷发的火山也可称为活火山。

口周围长满了各种各样的植物。

在拉丁美洲巴巴多斯岛东部 5 000 米的深海处，科学家们发现了一座喷泥的火山，在宽约 1 000 米的椭圆形火山口内，人们看到的不是沸腾的岩浆，而是翻滚着的泥浆。整个火山口由一层密密麻麻的黄色细菌所覆盖。

在中美洲的萨尔瓦多，有一座世界著名的活火山——依萨尔科火山，它高 1 885 米。自 200 多年前开始喷发以来，每隔 2～10 分钟便喷发一次，从未间断过。火山喷发时，先产生一阵震动，然后火山口出现烟云，随之大量气体、熔岩和火山灰直冲蓝天，形成高达 300 米的圆柱，其顶部在空气中逐渐模糊，形成巨大的蘑菇云。这一自然奇观对于航行在中美洲海岸附近的船只来说，是一个独特的天然信号塔，船员们从很远的地方就能见到它，便将它称为"火山灯塔"。

🔽 铁扇难灭火焰山

《西游记》记述了这样一个故事：唐三藏与悟空、八戒、沙僧于深秋时节走在上西天取经的路上，正当他们感到衣单身冷，寒气袭人时，忽然熏热扑面，热气如蒸，三藏命悟空前去打探。路遇有人叫卖米糕，悟空拔根毫毛变个铜钱买糕。米糕拿在手中好似火炭，烫得悟空左右倒手，只叫"热！热！"卖糕人笑道："怕热？别来这里！"悟空从卖米糕老翁口中得知，这里是无春无秋、四季皆夏的火

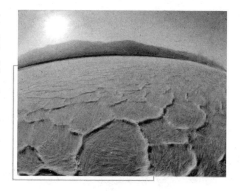

火焰山风光

焰山。老翁说："八百里火焰山，四周围寸草不生，若想过这山，就是铜脑盖、铁身躯也要化成汁。"最后，悟空从铁扇公主那里借了芭蕉扇，扇灭了火

焰山才过山西行。这段神话故事，并非作者臆造，在新疆的吐鲁番盆地中确实有一座横空屹立着的火焰山。

如果你站在吐鲁番盆地远望那火焰山时，就会感到一股股炎热的空气迎面扑来，烤得人汗流浃背。夏季的午后，飞鸟经过这里，常常热昏过去，落地而死。这里有时也会出现阴云密布、雷声隆隆的降雨天气，但只闻雷声却不见雨水落地，原来雨点在半空中就蒸发成水汽又返回高空，形成了有名的"干雨"。火焰山上既无树木又无花草，山上遍布红色砂岩，在阳光照射下反射着红色光彩，很像一片火焰，因此人称"火焰山"。

趣味点击 火焰山的传说

当年美猴王齐天大圣孙悟空大闹天宫，仓促之间，一脚蹬倒了太上老君炼丹的八卦炉，有几块火炭，从天而降，恰好落在吐鲁番，就形成了火焰山。山本来是烈火熊熊，孙悟空用芭蕉扇，三下扇灭了大火，冷却后才成了今天这般模样。

火焰山一带的天气为什么这么炎热？原来火焰山位于深处内陆的吐鲁番盆地中，这里地势低洼，有 4 000 多平方千米的地方海拔在海平面以下，最低的艾丁湖面竟低于海平面 154 米，成为我国最低的地方。四周又被群山封闭，空气不易流通，使盆地内的火焰山周围增温快，散热慢。白天在强烈的日照下，沿周围群山下沉的气流受岩石的蒸烤，形成阵阵热风吹向盆地中部，再加上炽热山岩向盆地中的红外线辐射，因此，这里气候炎热似火。又因距海遥远，海风不易到达，使这里的空气异常干燥，天空云量甚少，阳光直射地面，更增加了阳光照射的强度。1941 年夏季，这里最高气温达 47.6℃，创造了我国气温的最高值。地面上沙堆温度最高达 82.3℃，"沙窝里烤熟鸡蛋"之说并非夸张。

这里的人们并没有学孙悟空，向铁扇公主借来芭蕉扇去扇灭火焰山，而是利用火焰山夜冷昼热的特殊气候，栽种出了又大又甜的吐鲁番葡萄和哈密瓜，使这里成了我国著名的"瓜果之乡"。

五彩城

在新疆的克拉麦里山，有一处国家重点保护的自然景观——五彩城。进入五彩城，如同置身于一个童话世界：一幢幢色彩斑斓的"高楼大厦"鳞次栉比，金黄色、青灰色、暗红色、铁黑色构成了一幅立体油彩画；有的"建筑"自身就有七八种颜色，妙不可言。"建筑"的形状各异，一排排

五彩城

整齐的"房舍"如同古代军营；城中"街道"纵横，怪石林立，如同一尊尊栩栩如生的彩色雕像，兽中之王雄狮、凶猛的老虎、翱翔的苍鹰、亭亭玉立的少女……俨然一座艺术殿堂。

如此美妙的五彩城是出自哪位艺术大师之手呢？当地人会告诉你：是七仙女。相传王母娘娘的小女儿七仙女，厌倦了天庭寂寞无聊的生活，偷偷下凡，来到了克拉麦里山。这里虽不见人烟，却有许多可爱的野生动物。七仙女采来天空飘浮的彩云，精心构筑了这座人间仙境——五彩城。仙女住在五彩城里，终日与可爱的动物们为伴，不思归天。一日，被巡天将军发现，将七仙女掳回天庭，只剩下这座美丽的空城，小兔、黄羊、野驴等小动物们思念仙女，现在还常常来五彩城找七仙女呢。

七仙女造城当然只是神话传说，创造了这巧夺天工的"建筑"和"雕塑"的真正的艺术大师是大自然。大约在 8 000 万年前，这里原是一片湖泊。湖中有大量五颜六色的沉积物。后来地壳上升，湖水干涸，沉积物裸露在地面上，形成各色岩石：红色的铁质砂岩、灰色的泥灰岩、棕色的磷铁矿、黑色的锰质岩、黄色的泥质岩。

千百万年来，经流水冲蚀和风化作用，岩层中松软部分被冲走吹跑，留

下坚硬的岩石。大自然的一双巧手终于将这些彩色岩石雕刻成千姿百态的"飞禽走兽"、"楼台亭阁"，为人类创造了这座举世罕见的五彩城。

龙栖山的珍稀鸟类

龙栖山地处福建省西北部将乐县城西南 57 千米，属武夷山脉向东延伸的支脉。龙栖山自然保护区面积 6371.5 公顷，境内崇山峻岭，山势陡峭，群峰耸立，峡谷幽深，千米以上高峰 11 座，最高山峰 1620.4 米。

这里密林深幽，潭多水清，峡谷中流泉飞瀑，深潭相间，传说潭中有龙栖息，故名龙栖山。

龙栖山

龙栖山保存着丰富、完整的原始森林和青翠欲滴的丛林。这里气候宜人，冬无严寒，夏无酷暑，终年鸟语花香，珍禽异兽繁多且频繁出现，特别适宜鸟类生存和繁衍生息。因而，鸟类资源极为丰富。

雉科鸟类是该地区留鸟。现已发现有国家一级保护动物的黄腹角雉，国家二级保护动物的白鹇以及灰胸竹鸡、鹧鸪、雉鸡等。

灰胸竹鸡是一种较小型的雉类，体重不足 400 克。上体褐色，眉纹灰色，背杂以显著栗斑；下体前为栗棕色，后转为棕黄色；胸具灰带，呈半环状，体侧有褐色斑。灰胸竹鸡在龙栖山的低山灌丛、竹林、杂草丛生的地方是极为常见的鸟，常结成 4~6 只群体。觅食时，非常安静，不发出叫声；遇惊骇时，则紧急地逃窜出稠密的灌丛中。它们昼出夜伏，清晨开始活动，几百米内可清晰地辨识它的鸣声。

白鹇是一种非常美丽的观赏鸟类，尤其是雄性白鹇，脸的裸出部分呈鲜艳的赤红色。在繁殖期有三个赤红色的肉垂，艳丽非凡。上体纯白而密布黑纹；羽冠和下体呈灰蓝色，长长的尾巴，大都白色。雌鸟羽色为黑色。白鹇喜栖息于多林的山地，尤其在山林下层的竹丛间活动。白天大都隐匿不见，但在晨昏挖掘搜索食物。昼间漫游、觅食、饮水都没有定向。

黄腹角雉是我国特产的珍稀鸟类，其模式标本于 1857 年采自福建省武夷山。分布限于福建、浙江、广西、广东及湖南局部地区。该鸟在龙栖山栖息于海拔 1 000～1 400 米的常绿落叶阔叶林中，现仅有 1～2 群，总数不足 20 只。黄腹角雉体形适中，体重 1.5 千克左右。雄鸟头部两侧长出淡蓝色肉角，故称角雉。喉下有一肉垂，繁殖季节因充血而胀膨，其中央部橙黄，并具紫红色的点斑，边沿部蓝色，并在左右各杂以 9 个大的灰黄色块斑，脸的裸露部橙黄，脚粉红至棕色。头上羽冠前黑后红，上体大部红色，并杂以黄色卵圆斑，而下体呈黄色，故名为黄腹角雉。

拓展阅读

国家一级保护动物

《野生动物保护法》第九条将国家重点保护野生动物划分为国家一级保护动物和国家二级保护动物两种，并在其他条文中规定了不同的管理措施，但它们的法律地位是相同的。经国务院批准的国家一级保护陆生野生动物有大熊猫、金丝猴、长臂猿、丹顶鹤等 90 多种。

黄腹角雉一般在晨昏活动，且常发出酷似婴儿啼哭的"哇！哇！"声。黄腹角雉性较怯懦，好隐匿，喜奔走，只有在迫不得已时才起飞。夜间在树上栖宿，营巢也在树上，是雉科鸟类中能在树上营巢和繁衍生息的少数几个种类之一。

趣味点击　**体型最大的鸟**

世界上体型最大的现生鸟类是生活在非洲和阿拉伯地区的非洲鸵鸟，它的身高达 2～3 米，体重 56 千克左右，最重的可达 75 千克。但它不能飞翔。它的卵重约 1.5 千克，长约 17.8 厘米，大约等于 30～40 个鸡蛋的总重量，是现今最大的鸟卵。

在保护区的树林中栖息的鸟类，还有啄木鸟、黄鹂、杜鹃、山椒鸟、鸮、夜鹰和隼等。

当人们沿着山区小路或溪边行走时，各种鸟儿欢乐的鸣叫声，组成独特的百鸟争鸣的交响乐曲，使人流连忘返。

车牛山岛——鸟的乐园

在我国黄海的海湾处，有个名不见经传的小岛，因在它的旁边还伴随着前后相接的两个小岛，其状如一牛一车，海浪在"牛"肚"车"腹激起阵阵水花时，犹如水牛拉着大车在海上泗渡，故得名车牛山岛。

车牛山岛面积甚小，只有 0.058 平方千米，远远望去，好像是一个海上巨型盆景，浮现在黄海的波浪里。岛屿虽小但栖息在岛上的鸟类却颇多。

环岛而行，真如置身在一个鸟的天然乐园之中，又如在参观一个鸟类博物馆。飞鸟之多，令人目不暇接。游人可随处见到娴静高雅的天鹅，翩翩起舞的仙鹤，歌喉婉转的画眉以及叽叽喳喳的八哥。

车牛山岛

如进一步探究，还可发现许多珍稀奇异的鸟类，如据说会变黄、红、灰三种颜色的三彩鸟，机灵的红尾伯劳鸟，美丽的黄莺、柳莺，笨拙的扁嘴海雀，可爱的黄翡翠，在崖上筑巢的黑尾鸥，乘风展翅的灰椋鸟及黑头蜡嘴的军舰鸟等。

据鸟类专家鉴定，车牛山岛上已发现的鸟类共有 20 目、10 科、128 种，其中属于《中国候鸟保护协定》规定保护范围之内的就有 50 多种，包括世上十分罕见的潜鸟、灰灌鹤等。

车牛山岛鸟的历史已经十分悠久，据《禹贡·曾氏注》中记载："羽山之谷，雉具五色。"羽山即今云台山，车牛山岛是云台山延伸至黄海海湾中的小岛。上古时期，车牛山岛便盛产羽毛，并有鸟之王国之称。

车牛山岛，缘何会成为鸟之王国？这主要是其特殊的地理位置决定的。车牛山岛位于温带与北亚热带的过渡地带，由于受到海洋性气候及东南季风的影响，岛上温暖湿润，林木葱茏，花果飘香；加上海州湾是著名的渔场，车牛山上又有各种昆虫的大量存在，这一切都为鸟类的栖息、繁衍提供了十分有利的条件。

海州湾地处渤海、黄海、东海之中间部位，为候鸟迁徙之海上必经之驿站。由于长期远隔陆地，鲜为人知，自然生态环境十分优越，所以在这弹丸之地的车牛山岛生长了数量品种众多的鸟类，成为名副其实的鸟岛。

你知道吗

军舰鸟

军舰鸟是鹈形目军舰鸟科 5 种大型海鸟的通称。具极细长的翅及长而深的叉形尾，翅展长约 2.3 米，一般雄性成鸟的体羽全黑，雌性成鸟的下部则为明显白色。两性皆具一个裸露皮肤的喉囊，求偶的雄鸟为了展示，其喉囊会呈鲜红色并鼓起。其他明显特征包括四趾具蹼以及长的钩状嘴，可以用来攻击其他海鸟，并抢夺食物。

▶ 会"走路"的石头

会走路的石头

美国加州的死谷名胜区是个异常奇特的地方：山上长满松树和野花，山顶白雪皑皑，山下沙漠一望无际，其中有盐碱地和不断移动的沙丘。死谷比海平面约低 150 米，是全美国最低、最热、最干燥的地方。

死谷中自然奇观很多，最吸引人的要算"会走路的石头"。这些石头散落在龟裂的干盐湖地面上，干盐湖长达 1.5 千米。干盐湖就是石头的"跑道"。

石头大小不一，外观平凡，奇怪的是每一块都在地面上拖着长长凹痕，有的笔直，有的略有弯曲或呈"之"字形。这些痕迹看来是石头在干盐湖地面上自行移动造成的。有些移动的痕迹长达数百米。石头怎么会移动呢？有人说是超自然力量在作怪，有人说与不明飞行物体有关，有人则认为是自然现象。

拓展阅读

干盐湖

干盐湖的湖水在盐类沉积物的晶隙中，湖的表面部分或全部看不到被称为卤水的湖水，各种结晶盐类直接暴露在湖面，故称干盐湖。湖中盐类沉积物常形成巨大的盐盖，质地坚硬，能承受相当大的压力，上面可筑铁路、建厂房、修机场。中国青藏铁路有一段就铺设在著名的察尔汗盐湖上。察尔汗盐湖群中的别勒滩、柴达木盆地中的茶卡盐池、柯柯盐池也都是干盐湖。

加州理工学院的地质学教授夏普经过 7 年研究，自信已经找出个中奥妙。他选了 30 块形状各异、大小不一的石头，逐一取了名字，贴上标签，并在原来的位置旁边打下金属桩作为记号，看看这些石头会不会移动。

除了两块外，其余的都离开了原来的位置。不到 1 年光景，有一块已移动数次，共"走"了 287 米。

夏普研究了石头的"足迹"，并查核当时的天气情况，发现石头移动是风雨的作用；移动方向与盛行风方向一致，这是有力的佐证。干盐湖每年平均雨量很少超过 6 厘米，但是即使微量雨水也会形成潮湿的薄膜，使坚硬的黏土变得滑溜。这时，只要附近山间吹来一阵强风，就足以使石头沿着湿滑的泥面滑动，速度可高达每秒 1 米。

这些走路的石头使"跑道"成为旅游胜地。谜底虽然已经揭开，这种奇景却依然令人产生一种神秘莫测的感觉。

▶ 能预报天气的气象石

自然界中，有一些奇特的石头，它们与气象息息相关。在安徽省黟县西牙乡陈阁村的一位农民家里，珍藏着一座高约 60 厘米的奇石。说它奇有两个方面。其一是形状奇特：整块石像假山，沟壑纵横，纹理天然，状如骆驼，形神兼具。其二是功能奇特：它能准确无误地显示出当地天气变化情况。当假山呈白色时，表示阳光普照，晴空万里；自白转灰时，天气即由晴转阴；一旦石头颜色变为深灰，且假山顶峰呈现墨色，则说明小雨即将来临；当墨色浸满整座假山，且浑身湿漉滴水时，则意味着大雨滂沱，山洪即将爆发。

知识小链接

山 洪

山洪是指山区溪沟中发生的暴涨洪水。山洪具有突发性，水量集中流速大、冲刷破坏力强，水流中挟带泥沙甚至石块等，常造成局部性洪灾，一般分为暴雨山洪、融雪山洪、冰川山洪等。

无独有偶。在贵州三都自治县的板甲乡，也有一块奇异的巨石。自 20 世纪 70 年代以来，就发现它有预告天气变化的功能，其准确程度不亚于电视和广播中的天气预报，被当地老百姓誉为"晴雨石"。如石面呈白色，则表示天气晴朗；如石面呈暗色，则预示风雨来临；若久雨后由黑转白，则预示天气将由阴雨转晴。

还有能够预告汛期的奇石。我国广西壮族自治区环江县东兴乡怀村渡口有一巨石，从河底拔地而起，东向俯卧。此石乍看与普通石头并无二致，奇就奇在露出水面部分会改变颜色。时而红，时而青，时而黄。当奇石出现红色时，2～3 日河水必涨，颜色愈深，水涨得越高。涨过之后，红色即褪，出现青色或黄色。

人们将这些能预示天气变化的奇石，称之为"气象石"。气象石何以能预示天气变化呢？一些科学家研究认为，可能是大气压和空气湿度的相对改变引起石面颜色改变的结果。但同样的气压和湿度改变为何不会使普通石头变色呢，这至今仍是有趣的"自然之谜"。

风动石

东山岛位于闽南与广东省交界处，是福建省的一个大岛，其中以风动石最著名，另尚有石斋、苏峰山、岣嵝山、庙山等自然风景及八尺门、西山岩、关帝庙、郑成功水寨故址、黄道周故里、铜山古城等历史古迹。

风动石之景在我国已有多处，但以闽南东山岛岣嵝山东麓的铜山风动石最著名。巨石临海，摇摇欲坠，宽 4.57 米，长 4.69 米，高 4.37 米，重达 200 余吨。其形似玉兔蹲伏石上。上小下宽，座是圆弧形，贴石盘处，其尖端极细。整个石头如一滚珠，大风一来，悬空斜立，左右晃动。一人用力推之，就可将如此巨石弄个左摇右晃，堪称奇观。古人誉之"天下第一奇石"。

风动石

基本小知识

民 族 英 雄

民族英雄是指维护国家领土、领海、领空主权完整，保障国家安全，维护人民利益及民族尊严，在历次反侵略战争中，献出宝贵生命和作出杰出贡献的仁人志士。近代的民族英雄主要是指在鸦片战争、甲午战争、中法战争、抗击八国联军、中俄战争、抗日战争中作出重大牺牲的国家栋梁和民族精英。

东山岛风动石上刻有明末贤士黄道周、陈士奇等三人的姓名，因而又称为"三忠石"。黄道周是众人熟知的民族英雄，其余二位都是其学生，两人皆中进士，死于战难。风动石就在黄道周故里门前。

◤ 变色石和出汗石

澳大利亚会变色的石头

在澳大利亚中部阿利斯西南的茫茫沙漠中，有一块令世人称奇的怪石，它周长约 8 千米，高达 438 米，俨如一座大山屹立，巍峨壮观。曾经有人计算此石，仅露出地面的部分就有几亿吨。这块奇石每天都很有规律地改变自己的颜色。早晨旭日东升时呈棕色，中午时呈灰蓝色，夕阳西下时蓦然变成鲜艳的红色并熠熠闪亮，蔚为神奇。古代当地居民把它当作天然"时钟"，根据它颜色的变换来准确地掌握每天的时间，安排生活和农事，从未发生误差。

自古至今，这块怪石吸引着千千万万的国内外游客，也招来世界各地的许多考古学者和地质学家。他们对怪石每天变换颜色兴趣浓厚，对其做过种种探究和猜想。有些学者认为，这是由于沙漠地势平坦，天空终日无云，而怪石表面颇为光滑，好像一面镜子，对光线反射力较强。由于从清晨到傍晚的日照变化，因而使怪石在不同的时间里呈现出不同的颜色。但有一部分人认为，这种解释不够全面，难

你知道吗

考古学家

考古学家是专门从事挖掘古迹、古生物化石等一些与地层有关或是与古代历史文化有关的人士。

以令人信服，因此怪石的奥秘至今仍是个谜。

在我国浙江省云和县安溪畲族自治乡一片黄土地里，有一个奇怪的岩石，当地人称其为"出水石"或叫"出汗石"。这块岩石有 4 米多高，估计重 60 吨。岩石侧顶有一洞孔，直径约 20 多厘米，深度有 30 多厘米，可装水 3 千克左右。奇怪的是无论炎炎酷暑，还是严寒冬日，石洞里的水总是满满的，永远不会干涸。如果有人把水舀干，过一会儿水又从石洞四周的石壁中慢慢渗透出来，一天后石洞又蓄满清水，但不会溢出洞外。奇怪的是这块岩石上的其他孔洞却干得没有一滴水，实在令人捉摸不透。

响石与跳石

任何时候都不能用一成不变的眼光来看待事物。对于石头也是如此。因为石头不仅能跳，还能如乐器似的发出悦耳动听的声音。浙江省湖州有一个黄龙洞，这是一个不引人注目的小溶洞。但是，倒挂在这个小溶洞顶部的很多岩石却是不同寻常的，因为它们是闻名天下的"响石"，会发出美妙的音乐。如果用力敲击这些岩石，就如拨动琴弦，不同的打法会发出不同的音响。假如音乐家有节奏地敲打它们，还可以演奏一曲动听的"响石乐"。

石头能当乐器使，这到底是怎么回事呢？原来，黄龙洞是由石灰岩组成的，斗转星移，石灰岩被含有二氧化碳的流水所溶解，渐渐形成了溶洞。而溶洞靠近古太湖，古太湖的湖水升降十分频繁，石灰岩逐渐被冲刷溶解。久而久之，石灰岩成为中空状，而且形式各种各样。它们还有一个共同的特点就是比较扁而薄，因此只要受到了震动，就能发出各种清脆的音响，萦绕在耳边。

黄龙洞

黄龙洞的石头可以演奏音乐，这已经让人很惊奇了，更让人惊奇的是有的石头居然会"跳舞"。石头也能蹦蹦跳跳？或许你会持怀疑态度。因为在我们的印象中，石头是实心的，而且不具有运动的本能。它能动的先决条件是有外力施加。有一次，科学家们把刚从海底采集来的石块放在甲板上，疲惫的他们想靠在石块旁歇一会儿。忽然，有的石块上下蹦跳起来，有的还发出了响声，而且裂了开来。这真是一件怪事！

黄龙洞与黄庭坚

黄龙洞摩崖石刻尚存 10 余处，集中在洞周山崖上。"黄龙洞" 3 个楷书大字系黄庭坚所题，笔力道劲。字大如磐石，高 90 厘米、宽 87 厘米。

科学家们十分惊奇，开始采样并对它们进行研究。研究结果显示，并不是所有从深海海底采集的石头都会蹦跳，只有来自死火山或者活火山所形成的海底山脉的石头才会蹦跳。原来，二氧化碳在这种岩石中的含量比凝固的玄武岩熔岩中的含量要高出约 20 倍，而在深海高压的条件下，火山熔岩里面的气泡就呈现比较稳定的状态。当它们离开海底的深水来到水面上的时候，一下子失去了原有的高压力，石块就仿佛挣脱了束缚，欢快地跳起来。

▶ 沸石与毒石

200 多年前，欧洲一位地质学家在野外考察时，用水壶烧开水解渴。点燃篝火，他想趁此机会小憩一会儿，但没过多久，壶里的水已沸腾了。当他喝水时，发觉水还没开。奇怪的是当他重又把壶放在火上时，水立刻又沸腾起来。这到底是怎么回事？仔细察看后，他终于发现了一小块白色石头。正是这块石头在加热时放出大量气泡，造成沸腾的假象。这块石头便是沸石。

沸石的奥秘在科学仪器的检测下终于露出了其"庐山真面目"。它是无数沸石晶体构成的集合体。它的晶体非常细小，只有在电子显微镜下才能看到。晶体的形状也各不相同，每个晶体的内部有大小均匀的孔穴与孔道，可想而知，构成晶体的孔穴和孔道当然就更小了。孔穴被孔道连通，形成了非常整齐的孔穴孔道网。在孔穴和孔道中，常常有水和镁、钾、钙等物质，受热或遇上干燥环境，气泡就会冒出来。

有的石头会冒气泡，而有的石头居然有毒。1986 年 8 月，非洲马里共和国的一个地质勘探队正在亚名山进行勘探。挖着挖着，猛然觉得下面硬硬的，好像有什么异常物体，急于挖到"宝"的他们，不辞辛劳地干了起来。很快，一块美丽的大石头呈现在他们面前。石头的上部呈蓝色，下部呈金黄色，形状就像鸡蛋一样，大约重 5 吨。他们还未来得及分享"胜利"的喜悦，就已感觉到手脚麻木，视线模糊，接着发出痛苦的呻吟。不久，他们被送到了医院，虽经医务人员奋力抢救，还是因中毒过深而未能逃出死神的魔爪。他们为什么会中毒呢？

神奇的沸石

知识小链接

中 毒

机体过量或大量接触化学毒物，引发组织结构和功能损害、代谢障碍而发生疾病或死亡，称为中毒。中毒的严重程度与剂量有关；中毒按其发生发展过程，可分为急性中毒、亚急性和慢性中毒。一次接触大量毒物所致的中毒，为急性中毒；多次或长期接触少量毒物，经一定潜伏期而发生的中毒，称慢性中毒；介于两者之间的，为亚急性中毒。

进一步的研究终于让事实水落石出，原来毒气来自那美丽的大石头，这就是"马里毒石"。岩浆从地下上升的过程中，常常伴随着大量气体，其中有一部分是毒气。岩浆在凝结成岩石的过程中，气体大都从岩浆中挥发出来了，但也有的气体很难挥发出来。这样的话，不容易挥发的气体，例如毒气，就会停留在石头里。勘探队员在挖"宝"的时候，石头由于被移动而释放出毒气，使他们在不经意间中毒了。

◉ 臭石和除臭石

四川省射洪县金华山"陈子昂读书台"内有一块臭石头。它形如人脑，颜色呈青灰，重过 150 千克，看上去同普通石头并无两样，奇特的是用硬物击之，石头顿时会发出臭气。

据民间传说，唐初著名诗人陈子昂辞官归隐射洪后，被县令段简所害，死于狱中。州官为平民愤，将段简斩首弃市。一夜风雨之后，尸首变成了一块臭石头。现在，臭石头已被作为文物收藏、保护。

天下无奇不有，有臭石就有除臭石。在瑞士、瑞典、日本等国出产一种能除体臭的石头。这种石头外观呈白色半透明水晶状，与明矾石极相似，内含较多的镁、铝、溴化钾、硫黄等，而不含有钠、铁元素，因而具有杀菌的药用效果。这些国家的制药厂将这种天然的石头，加工成 120～150 克重的圆形，用一个精致的小盒装着，在市场上出售，称为"香体天然水晶石"，而人们习惯叫它"香体石"。

基本
小知识 👆

硫　黄

硫黄别名硫、胶体硫、硫黄块。外观为淡黄色脆性结晶或粉末，有特殊臭味。硫黄不溶于水，微溶于乙醇、醚，易溶于二硫化碳。作为易燃固体，硫黄主要用于制造染料、农药、火柴、火药、橡胶、人造丝等。

现在许多欧洲人都喜欢使用它：入浴前，先将这石头浸在水里，浴后用它在身体易出汗部位涂擦即可收到抑制汗液分泌的效果。不少消费者用后反映，香体石不但对狐臭、脚臭有独特的功效，对治疗皮肤表面的疮、癣、疥疾亦有明显的效果，而且不会引起皮肤过敏等副作用。

洞穴与山泉

洞穴是指一个地底的通道或空间，可进入其中。其形成方式可能是水的侵蚀作用，或是风与微生物等其他外力的风化作用，许多自然界的洞穴形成于石灰岩地带。

我国可谓是岩溶面积广大的国家，南方黔、滇、桂、川、湘、鄂、粤诸省区是最重要的岩溶区，碳酸盐岩沉积总厚度在一万米以上，几乎分布于各个地质时代。分布面积广大的碳酸盐岩，加上适宜的多种多样的气候条件，使我国成为世界上岩溶洞穴资源最为丰富的国家。

洞穴多了，山泉自然就多了，它们的关系就像山与石的关系，相互依存，不可或缺。

神奇的猛犸洞

　　大自然鬼斧神工，造就了不少杰作。现已发现的世界上最大的洞穴是美国的猛犸洞穴国家公园。它被誉为西半球奇观。

　　猛犸洞穴坐落在肯塔基州中部的路易斯维尔南约 160 千米处，占地 264 平方千米。这里，生长着茂密的森林，蜿蜒曲折的格林河和诺林河流贯其间。猛犸本指一种现在已经绝种的长毛巨象，这里用来形容洞穴体积庞大，与猛犸原义无关。

猛犸洞

　　洞穴分布在五个不同高度的地层之内，由 255 座溶洞组成，最下一层低于地面 110 多米，合计长度有 252 千米。洞穴内有 77 座地下大厅，最著名的是中央大厅、酋长厅、蝙蝠厅、星辰厅、婚礼厅。

知识小链接

溶 洞

　　溶洞的形成是石灰岩地区地下水长期溶蚀的结果，石灰岩里不溶性的碳酸钙受水和二氧化碳的作用能转化为微溶性的碳酸氢钙。由于石灰岩层各部分含石灰质多少不同，被侵蚀的程度不同，就逐渐被溶解分割成互不相依、千姿百态、陡峭秀丽的山峰和景观奇异的溶洞。

　　中央厅在溶洞群的中部，里面有各项设备齐全的旅游设施。酋长厅是最大的一个厅，长 163 米，宽 88 米，高 33 米，可容数千人。星辰厅顶部分布着许多含锰的黑色氧化物，氧化物上点缀着不少石膏结晶，仰望顶篷，仿佛是星光灿烂的星空。猛犸洞中石笋林立，钟乳多姿，造型神奇，不可名状。洞内还有两个湖、三条河和八处瀑布。最大的回音河，宽 3～8 米，深 1.5～3 米，游人可乘平底船延河上溯 0.8 千米。

河中有奇特的无眼鱼——盲鱼，这种无色水生动物长约 12 厘米，体无鳞片。洞中还有甲虫、蝼蛄、蟋蟀等生物。

传说 1799 年，猎人罗伯特·霍钦在追逐一只受伤的野熊时，无意中发现了这个洞。但后来在洞中又发现了鹿皮鞋、简单的工具、用过的火把和干尸等，这说明史前的印第安人早就知道这个洞穴了。

基本小知识

干 尸

干尸，顾名思义，就是干燥的尸体。通常情况下，人体死亡之后，体内细胞会开始其自溶过程，细胞中的溶解酶体释放出各种蛋白水解酶，使生物大分子逐步降解为小分子。除这一自溶过程外，还自然受到各种腐败分解，这是一个自然过程。但是，干尸却违背了这一自然过程，没有腐烂，相反却以干尸的形式呈现在今人的面前。干尸的特点是："周身灰暗，皮肉干枯贴骨，肚腹低陷。"

1812 年第二次英美战争期间，这里是开采硝石的矿场。战争结束后，成为公共游览场所。为纪念因考察这个洞而献身的探险家柯林斯，公园内的中心水晶洞叫柯林斯水晶洞。

◑ 奇风洞

在云南路南石林风景区东北 5 千米歪头山东南坡上，有一个岩洞，洞口宽约 1 米。人们发现有阵阵怪风从这个洞内发出。其特点是，开头轰的一声巨响，接着这山洞便不断吼叫，并仿佛有鼓声，像古战场一样。一股强劲的风

奇风洞

从洞口出来，洞外被弄得尘土飞扬，树枝摇摆，哗哗作响。这样过了三四分钟后，风力便逐渐减小，最后变成了回风，一些杂草、落叶还被吸进洞里。回风一两分钟便消失了。过了一两分钟后，洞内又开始第二次向外喷风。但这次持续时间和风力都比不上头一次。第二次喷风结束后，一切又都恢复了正常，完成了一个喷风周期。下一个周期的来临因季节而不同，在雨水充沛的季节，间隔的时间为半小时左右。

这个洞被人们称为"奇风洞"。奇风洞为什么能喷风？地质工作者经过反复考察，终于揭开了它的秘密。原来这是石灰岩岩溶地区的一种罕见的虹吸现象在作怪。

人们在考察中发现，在奇风洞东面100米处，有一个群山环抱着的山沟，沟里有一口由石灰岩受溶蚀而生成的奇特而深邃的落水井。一股清泉从上游流来，跌落井中，井从井底的岩石裂隙流入地下，成为暗河。如果落水井的井壁上没有其他裂隙，则井中的水终究会漫出井口，成为一条哗哗畅流的小河。但这个落水井的井壁上恰巧有裂隙，而且还是一个贯穿山体的向上拱曲的虹吸裂隙。当井中的水位没有超过弯道的顶点，是不会产生虹吸作用的。一旦水位达到这一高度，虹吸作用便会产生。当落水井中的水因为被大量抽走而急剧下降至虹吸裂隙口处时，空气便重新进入弯道，虹吸作用停止，喷风也停止，而且由于地下的洞穴中出现了瞬时的真空状态，所以空气还会通过喷风口向里回灌，形成回风。又由于在这个地方同时存在两套虹吸系统，致使每个喷风周期由两次喷风组成。

📷 地下水晶洞——冰洞

冰洞是地底下的一大奇景。世界著名的冰洞分布在罗马尼亚、匈牙利、奥地利和美国等地。

罗马尼亚西北部的阿普塞尼山，石灰岩遍布，山上有许多溶洞。大部分洞穴中有一些溶解的矿物质在洞顶、洞底沉积，形成气象万千的钟乳石、石笋等。这里有个名叫斯卡里索拉的洞穴却与众不同，点缀山洞的滴水石是冰。

斯卡里索拉冰洞是高原上的一个石灰岩坑，海拔 1 100 米左右。这个竖坑从地面垂直陷落 50 米，洞底逐渐开阔，分成两个大穴室，称为"大堂"和"教堂"。它们连接着其他小穴室和通道网，最深处离地面有 120 米。许多竖冰把"大堂"和"教堂"装扮得各有特色。"大堂"内有一座高 18 米的冰崖，冰崖脚下是一个"冰池"。"教堂"内是一簇簇的冰笋，由从穴

冰　洞

顶缓缓滴下的水凝结而成，有些冰柱长达 1.8 米。

奥地利的洞穴景观享有盛名，而奥地利的冰洞更是世界闻名。它长年坚硬不化，蔚为奇观。萨尔茨堡冰洞是世界最长的冰洞，洞长 42 千米，被称为"巨大的冰世界"。

洞顶被氧化铁染得通红，洞壁悬着冰瀑；冰块奇形怪状犹如雕刻；下垂的纤维般的钟乳石，看上去像优美而精细的纱帘。

奥地利南哥勃格山里有一处冰顶洞，是对外开放的最高的"游览洞"。人们先要经过一条弯曲的道路来到陡坡前，还要经过持续 3 小时的攀登，才能抵达洞口。入洞后，石径陡峭，曲折下延；洞中的地面全是冰。人们借着摇

曳的电石灯灯光，可以隐约地分辨出一个大致有 20 米宽的拱顶轮廓，这是洞中的"巨神童"。从这里穿过去，就进入了充满滴水石体的通道和石室，地面上生有石笋，洞顶垂有钟乳，洞壁充满了软方解石的沉积物，呈现出一片白色。

塔特拉山有个多柏辛斯基冰洞，冰洞长达几千米，里面覆盖着厚达 60 米的冰层，是世界最大的冰洞。冰洞有两个大厅——两个冰的深渊，它们之间有冰的夹道、坑道和冰阶，相互连接。

第一大厅长 1350 米、宽 600 米、高 110 米，里面覆盖着厚厚的冰层，耸立着大大小小的冰柱，在水银灯和彩色灯光照耀下，冰层显得透明、晶亮，仿佛是个水晶宫。

第二大厅更大，中央有个天然溜冰场。大厅的冰壁上，由于冷暖气相交，凝成朵朵霜花，花

你知道吗

冰洞的产生

夏季，冰川经常处于消融状态中。冰川的消融分为冰下消融、冰内消融和冰面消融三种。地壳经常不断地向冰川底部输送热量，从而引起冰下消融。不过冰下消融对于巨大的冰川来说，是微不足道的。当冰面融水沿着冰川裂缝流入冰川内部，就会产生冰内消融。冰内消融的结果，孕育出许多独特的冰川岩溶现象，如冰漏斗、冰井、冰隧道和冰洞等。

形突出，在彩色灯光反射下，像四季盛开的千万朵梨花，在争艳比美。

狭长的坑道里，四周都是冰层，在灯光照耀下，像个玻璃走廊。坑道里有 160 级冰阶向下通到冰的深渊。它有 75 米深，真是一个惊险的悬崖绝壁。冰渊的边缘下，有条 60 多厘米宽的裂缝，那下面又是更深的冰渊。

科学家发现，冰洞往往只有一个洞顶的口可进出。冷空气从那里进去以后，在洞底越积越多，跑不出去；而洞里的热空气比较轻，浮在上面，最后被赶出洞外。就这样，洞里的地下水、空气里的水分慢慢冷凝成冰，经过长年累月的冻结，变成今天这些巨大的冰洞。

🧭 普陀海蚀洞

在烟波浩渺的东海海面上，有一座被白浪烘托的"海上仙境"，那就是"万顷风云浮碧玉，孤插苍溟小白华"的普陀山。

普陀山是浙江省舟山群岛中的一个小岛，西距舟山本岛约 2 海里（1 海里 = 1852 米）。其南北长约 6 千米，东西宽约 3 千米，南北狭长，最高峰佛顶山，海拔约 300 米。普陀山虽不高也不大，然风景秀美，可与山东之"蓬莱仙境"相媲美；佛教之盛，可与四川峨眉山等齐名，为全国著名的四大佛山之一。

普陀山的自然风景绚丽多姿。佛顶山云雾缭绕，妙应诸峰；拾级而上，如登云梯；俯视沧海，心旷神怡。锦屏山巍若屏障，白葩丹蕊，四时开放，掩映如锦。雪浪山双十峰对峙，白石闪烁，犹如积雪。洛迦山孤悬独峙，洞壑幽深，吐纳烟霞，神奇变幻。山上林木葱茏，奇石怪岩遍布；海边金沙海滩，礁石嶙峋突兀。这里气候宜人，四季分明，加上多姿多彩的自然山海景色，自唐、宋以来，吸引了无数名人学士、佛门弟子、四海游人，前来观光。宋代大文学家苏东坡、王安石都曾作诗，赞咏普陀山的景色。

基本小知识 🖱️

海蚀地貌

海蚀地貌是指海水运动对沿岸陆地侵蚀破坏所形成的地貌。由于波浪对岩岸岸坡进行机械性的撞击和冲刷，岩缝中的空气被海浪压缩而对岩石产生巨大的压力，波浪挟带的碎屑物质对岩岸进行研磨，以及海水对岩石的溶蚀作用等，统称海蚀作用。海蚀多发生在基岩海岸。海蚀的程度与当地波浪的强度、海岸原始地形有关，组成海岸的岩性及地质构造特征，亦有重要影响。所形成的海蚀地貌有海蚀崖、海蚀台、海蚀穴、海蚀拱桥、海蚀柱等。

在普陀山沿海的海岸悬崖上，发育了不少海蚀洞地貌。它们是在海浪的长期冲击下形成的。这样较大的海蚀洞在普陀山有三个，它们是潮音洞、梵音洞和朝阳洞。

"两洞潮音"是普陀山一大胜迹，两洞指的是位于岛屿东南部的潮音洞和东部的梵音洞。"静坐听潮音，引颈看海蜃。"潮音经常可听到，海市蜃楼却难碰见。潮音洞是一个巨大的海蚀洞，潮水奔腾入洞，声若惊雷。在洞顶的山石上，有一孔穴，谓之天窗，可以看见洞底。

梵音洞位于青鼓垒东端，两壁陡峭，高近百米。每当潮水袭来，就会出现"水势奔腾峭壁开，半空雪浪似鸣雷"的壮丽情景。平时，洞内雾霭茫茫，幽泉滴滴。在风和日丽的上午，水雾阵阵，在阳光的照射下，可以折射成五彩霓虹，若隐若现。

海蚀洞

不过，去两洞静听潮水声音，已足以使人心满意足。若有运气，能看见海市蜃楼奇观，那真是令人终生难忘了。众所周知，在我国沿海各地，数蓬莱一带海岸上最有可能见到海市蜃楼，其他地方十分少见。据报道：1981 年 4 月 28 日下午，海上风平浪静，在风景胜地百步沙一带的游玩者，突然看见普陀山东面的梵音洞上空，云海茫茫，从中涌现出朵朵五色瑞云。彩云中，缓缓现出一座琉璃黄墙巍峨雄壮的千年古刹。

海市蜃楼是由于光线经过几层不同密度的气层而形成的一种自然奇观，一般多出现在春夏两季午后傍晚之际，海面风平浪微之时。

朝阳洞位于潮音洞和梵音洞之间的一个小岬角上，穴口向阳，里面则漆黑无光。由此观赏日出，十分壮观，只见一轮红日冉冉上升，腾出海面，努力爬上天空。朝阳洞之名也许是由此而来吧。

普陀山上奇石怪岩，千姿百态，形似动物，或驰或步，或仰或卧，妙趣横生。著名的石景有盘陀石、二龟听法石等。盘陀石在岛的西南部，两石相累如盘，上石如一巨台，下石顶部稍尖，紧紧托住上石，上广下锐，险若欲坠，却稳如泰山，人称"天下第一石"。盘陀石顶部平坦，纵横 30 余米，可容百人，游人可拾级而上，在这里观赏海景。

二龟听法石，离盘陀石不远，是两块巨大的山石，状如两只乌龟。一石似龟蹲伏岩顶，回首观望；一石如龟昂首伸颈，缘石而上，两龟一前一后，形象生动可爱。

▶ 奇妙的地下世界

被誉为安得列斯之珠的古巴岛，山清水秀，景色宜人，是拉丁美洲著名的旅游胜地。遍布全岛的天然山洞，构成奇妙的地下世界，蔚为壮观。

据说揭开古巴地下世界秘密的是中国人。1861 年的一天，一些华工在马坦萨斯东南的一座山脚下劳动，有一位华工手握钢钻在挖掘岩石，当他往下使劲时，钢钻突然从手中滑出，没入地里。华工们感到奇怪，于是就动手把钢钻滑下的小孔挖开，原来下面是一个深不见底的巨大洞穴。这就是著名的"柏拉麦大山洞"。经过勘查，这个洞穴有地下河流和天然桥梁，廊道曲折，景色奇幻。洞中布满奇形怪状的晶体钟乳石和石花。钟乳石的形状有圆形、十字形、螺旋形等。石花有的像大理花，有的像郁金香。

> **基本小知识** 👆
>
> ### 郁 金 香
>
> 郁金香是一类属于百合科郁金香属的具球茎草本植物，是荷兰的国花。

随着柏拉麦大山洞的发现，150 年来，在古巴各地又先后发现了许许多多的山洞。这些山洞有的暗廊回转，有的厅堂宽敞，有的动物成群，有的植物茂盛，有的瀑布飞泻，有的湖水涟漪。真是千奇百怪，姿态万千。

圣托马斯山洞是古巴最大和最美妙的山洞。由于圣托马斯河的冲击和侵蚀，形成了这条长达 15 千米的地下洞系。全洞由地下走廊构成，洞穴重重叠叠，有的高达 5 层，层层相通。最低一层是圣托马斯河及其支流佩尼亚特河的地下河床。在迷宫似的山洞里，有无数晶莹的钟乳石从洞顶倒挂下来，有的像冰雕玉琢的花朵，有的像银白色的胡子，又细又长垂直飘下，灯光一照，光彩夺目，瑰丽多姿。有的地方异常宽阔，大理石构成的洞顶和洞壁光滑平整，仿佛是人工造就的歌舞厅、娱乐厅，当地农民经常在这样的山洞中欢度节日和唱歌跳舞。

尤其有趣的是，有的山洞洞底宽广平坦，神话般的长满高大的棕榈树，好像是室内植物园。有的山洞里生长着各种野草，是十分理想的天然牧场。有的山洞中有落差几百米的大瀑布，河水凌空而下，水声轰鸣，震耳欲聋，飞流激起的水珠浪花，如烟似雾。有的山洞中有深达几百米的大湖，湖水清澄，平静如镜，湖中成群的盲鱼和小盲虾在游弋划水。如诗如画的洞中山水，真是世界上罕见的奇迹。

▶ 奇异的泉水

法国比利牛斯山脉中，有一个名叫劳狄斯的小镇。小镇附近遍布岩洞，其中一个岩洞后面有一道泉水，是闻名全世界的"圣泉"。这个圣泉有神奇的治疗功效。因此，许多身患沉疴，甚至被医学"宣判死刑"的人，都不远千里，来到圣泉。他们在水池里洗个澡，据说便会使病情减轻，甚至不药而愈。现在，每年来这里洗圣泉浴的人多达 430 万人。

我国也有许多这样的药泉，内蒙古呼伦贝尔草原上的乌尼阿尔山的泉水便是一个。每年风和日暖的五六月份，各地的牧民便赶着牛羊，带着蒙古包，从四面八方来到这里避暑。这里的泉水有汽水一样的味道，装在瓶子里，它冒出的汽能把瓶盖顶开。如果有人肚胀，喝上几杯泉水便立见功效。

泉水，作为大自然的一种奇迹，以特有的风姿点缀江山，美化生活。我国有许多历代烹茶、观景的名泉。江苏镇江的中冷泉，号称"天下第一泉"；江苏无锡锡惠公园的惠山泉，有"天下第二泉"之称，是名曲《二泉映月》

的故乡；"天下第三泉"则在江苏苏州的虎丘。此外，还有与龙井茶配伍的浙江杭州的虎跑泉。

在我国北方也有两个"天下第一泉"，都是乾隆皇帝御封的：一个是皇宫里平时饮用的北京玉泉山的泉水；另一个则是皇帝出巡时曾饮用过的山东济南趵突泉。

美国西部的黄石公园有一个老实泉，它每隔一定时间喷射一次，高达 60 多米的水柱犹如彩虹凌空，成为观赏的美景。这种间歇泉在冰岛有 100 多个，在俄罗斯的堪察加半岛的一条河谷中就有 20 多个。新西兰的北岛，1886 年，由于火山爆发，带动了 7 个间歇泉同时喷射，石头、稀泥随着水、气一齐飞到了高空。我国西藏昂仁县有一个间歇泉，它在喷发时以 45° 角斜射到

冰岛的间歇泉

附近一条河的对岸，水柱在河面上形成一座 20 米长的银白色"拱桥"。还有一个在河底的间歇泉，每次喷出来的热水，把河中的游鱼都烫死了。

还有一些泉水更为新鲜有趣。在我国许多地方有一种"喊泉"，尤其在广西的石灰岩地区最多。如兴安县的喊水井、德保县的叫泉、北流县的泥牛泉、富川县的犀泉、天等县的愣特潭等。这些泉水，在人们大声呼叫的时候就应声涌出。安徽寿县的咄泉，则大叫大涌，小叫小涌。贵州平坝的喜容泉，人在旁鼓掌喧哗，泉水就大量冒出气泡。在左边鼓掌，则左

你知道吗

石灰岩

石灰岩简称灰岩，是以方解石为主要成分的碳酸盐岩。有时含有白云石、黏土矿物和碎屑矿物，有灰、灰白、灰黑、黄、浅红、褐红等色，硬度一般不大，与稀盐酸反应剧烈。

边泉水冒出泡；在右边鼓掌，则右边泉水冒出泡。现代科学已经对这种自然现象做出了解释，原来，这些泉水在涌出前已经蓄积在岸洞内的一个将溢的储水池里，当人发出喊叫声或鼓掌声的时候，声波传入岩洞，使处于临界状态的水面受到压力，从而引起泉水流到泉外。

▶ 乳 泉

"花蟮石，石蟮花。乳泉水，西山茶。此话不与俗人讲，俗人听了要出家。"听了这首赞美乳泉的桂平采茶调，真使人魂萦梦绕，望眼欲穿。

号称乳泉"摇篮"的广西桂平县西山是国家级的风景名胜区，距县城之西约2 000多米，是一座东低西高的浑圆状中生代花岗岩山体，其海拔678.6米，为广西中部龙山山脉的一部分。尽管绝对高度不甚高，但与东部海拔仅35米的浔江平原相比，俨然是横亘于桂平县城西的一道巍峨天障。从桂平县城远眺，山中有山，气势磅礴；景中有景，葱茏可爱。乳泉出露于西山山腰的龙华寺左侧。一棵根须裸露的大树盘根错节在一块花岗岩巨石之上，碗口粗细的赭红色树根顽强伸入地下，巨石之下便是乳泉。旁边的石碑上刻着"乳泉"两字，为古人所书。泉池深、阔近1米。半池碧液，清澈见底，冬不枯，夏不溢，水量稳定。据《得州府志》记载：此泉"清冽如杭州龙井，而甘美过之，时有汁喷出，白如乳，故名乳泉……"

桂平乳泉

桂平乳泉的白色并不是所含矿物质成分造成的，而是交融于水中的极细小气泡，与地下水一起出露于地表时所呈现的视感。据化验证实，构成乳汁气泡的气体系惰性气体——氡。然而氡又是如何进入泉水里呢？

原来孕育乳泉的桂平西山，由庞大而坚硬的花岗岩体构成，花岗岩裂隙发育，纵横交错，相互连通，有利于大气降水的渗入与流动，形成裂隙含水质。桂平县年降雨量高达 1 780 毫米，四季湿润，保证了乳泉有源源不断的补给水源。花岗岩体又是富含放射性元素的铀岩石，铀经过一系列衰变，可产生无色、无臭、无味的惰性气体氡。生成的氡气一部分溶于水中，一部分存身于裂隙壁上，当条件适宜时，裂隙壁上的氡进入流动的地下水，形成汽水混合物泄出，使泉水跳珠走沫，呈现出"色白如乳"的"汁"液。但由于受岩石裂隙系统制约生成的氡数量有限，不能连续不断地进入地下水中，所以"喷汁"过程历时较短，一般仅几分钟或数十分钟，且只能"有时发生"。

据报道，1975 年 8 月的一天早上，滂沱大雨之后，乳泉曾发生过一次罕见的"喷汁"过程，历时竟达两小时之久，实属少见。

> 基本小知识
>
> ### 氡
>
> 氡是一种化学元素，化学符号为 Rn，原子序数是 86，在元素周期表中位于第 86 位。氡通常的单质形态是氡气，无色无味，难以与其他物质发生化学反应。氡气是自然界中最重的气体。

乳泉水中含有少量的钾、钠、钙和较多的天然氧，喝起来清淡爽口，略有甜味，对人体消化机能有一定调节作用。被誉为"广西茅台"的乳泉酒就是用它酿制的，无色味醇，驰名中外。而用乳泉水泡饮西山茶，则特别清香可口，被赞为一绝。

> ### 知识小链接
>
> #### 钾
>
> 钾是一种化学元素，化学符号 K，原子序数是 19，为碱金属的成员。钾在地壳中的含量为 2.59%，占第七位。在海水中，除了氯、钠、镁、硫、钙之外，钾的含量占第六位。

🔊 白乳泉

出露于安徽省怀远县城南郊著名的荆山北麓的白乳泉，因"泉水甘白如乳"而得名。白乳泉的泉坑后缘有两人方可合抱的古榆树一株，荫翳蔽日，虽炎夏盛暑，泉水周围也凉爽异常。泉水自石隙中流出，在口径约 1 米多的石坑中形成一泓碧液，清澈透明，泠泠如镜，毛发可鉴。

据文献记载，宋朝大文学家苏东坡曾率领其子苏迨、苏过来此游览，考察品味泉水，并写有《游涂山荆山记所见》诗。诗中用"牛乳石池漫"之句来描绘所见泉水。诗后自注中也说："泉在荆山下，色白而甘。"可见，苏东坡确实看到了泉水色白如乳。那么，为什么至今我们通常只看到无色透明的泉水呢？白乳泉的"乳白色"何时出现，又是如何形成的呢？

荆山是一座花岗岩一类（白岗岩）岩石组成的山体，这类岩石受风化作用，地表部分会形成白色的高岭土，在大雨滂沱之时，高岭土的细小颗粒可以悬浮在雨水之中，污染水体并随水一块流动，或汇入地表河流或渗入地下，使水呈现出"牛乳"状。由于地层的过滤作用，这种悬浮物质往往被分离出去，使涌入泉坑的水无色透明，但也有一些距地表较近和泉口相通的宽大裂

怀远白乳泉

隙，可以将没有经过过滤的雨水输入泉坑中，使泉水浑浊发白。这可能就是苏东坡所记白乳泉"牛乳石池漫"的形成机理。根据住在白乳泉旁边达 51 年的王振芳老人讲，白乳泉平时清澈，雨后涌乳，特别是滂沱大雨之后，泉的涌水量增大，泉水发白，水味变差。这一说法佐证了苏东坡所记白乳泉能涌"乳"。

白乳泉，背依荆山，面临淮河。东和禹王庙隔河相望，西邻卞和洞，因而泉左建有"望淮楼"。登临远眺，淮水滚滚，行船如织，意趣盎然，正如楼上楹联所云："片帆从天外飞来，劈开两岸青山，好趁长风冲巨浪；乱石自云中错落，酿得一瓯白乳，合邀明月饮高楼。"

初夏，山麓的千万株石榴向阳怒放，花红似火，斑斓如锦，景色迷离，清幽宜人。白乳泉内含有多种矿物质，烹茶煮茗，醇香可口。苏东坡游白乳泉，把它誉为"天下第七泉"。

▶ 盐　泉

盐泉，原名"白鹿泉"，因传说是一头白鹿发现它而得名。相传在很久以前，有个猎人在大巴山南麓的森林里追赶一头浑身似雪的白鹿，追来追去，追到了现在四川东部与湖北毗邻的巫溪县境内，大宁河西岸的宁厂镇猎神庙前。正当猎人搭弓欲射时，白鹿突然不见了，眼前却腾起一圈圈银色光环。

原来面前是一个山洞，有一股清净的泉水正汩汩从洞中流出。猎人正渴，急忙蹲下去掬水而饮，不料泉水极咸，难以下咽，于是发现了这处奇异的"盐泉"。

据史书记载："汉永平七年（公元 64 年）尝引此泉于巫山，以铁牢盆盛之。"这说明，早在 1900 多年前的东汉时期，盐泉就已被开发利用了。当时，除了用"铁牢盆"（铁锅）煎盐，还在大宁河龙门峡西岸的峭壁上，修建了一条长达百余千米的栈道，人们用竹子相接铺成管道，将盐泉之水引到巫山县大昌镇去煮炼。东汉以后，人们在盐泉出口处安装了一个口衔宝珠的石雕龙头，盐水从宝珠两侧注入盐池，盐池下方有出口，再以竹子引导至煎灶。据当地老辈人传说，明末李自成领导的农民起义军，曾把大宁河中游的大昌镇作为根据地，起义军一面打击明朝官兵，一面引泉煎盐，以供军需。到了清代，宁厂镇以泉煎盐生产已具相当的规模了。乾隆年间（公元 1736 年至1795 年）当地已报灶 336 座、煎锅 1 081 口，号称"万灶盐烟"。其生产和贸易的盛况是："利分秦楚城，泽沛汉唐年。喷流千尺雪（1 米 = 3 尺），香满一溪烟。碧蟑连村湿，红炉彻底煎。黄金走万里，但看往来船。"新中国成立后，在宁厂镇建了巫溪盐厂，该盐厂的原料，就是盐泉之泉水。煮泉成盐，所产泉盐畅销川东、鄂西各地。

泉水何以能煎出盐？这是由于地下水在活动过程中，遇到了含有大量氯化钠的岩层，氯化钠被地下水溶解后，就变成了含盐度很高的"盐泉"，其浓度往往高于海水，水味极咸。这些盐水通过岩石裂隙或断层涌出地表，就形成了奇异的"盐泉"。由于"川东古刹之冠"的宁厂镇猎神庙盐泉具备了上述水文地质条件，所以巫溪盐厂用盐泉水就能煎出洁白如雪的食盐来。

盐　泉

基本小知识

地　下　水

地下水是贮存于包气带以下地层空隙，包括岩石孔隙、裂隙和溶洞之中的水。地下水是水资源的重要组成部分，由于水量稳定，水质好，是农业灌溉、工矿和城市的重要水源之一。但在一定条件下，地下水的变化也会引起沼泽化、盐渍化、滑坡、地面沉降等不利的自然现象。

鱼泉和虾泉

喷鱼泉位于河北省涞水县境内的国家级风景名胜区——野三坡，其中心区有一眼"鱼骨洞泉"，系永久性独眼巨泉，泉水从山石窟中流出，喷泉口直径约 30 多厘米，水质极为清澈，自然流量为每秒 0.3 立方米以上。

每年农历谷雨前后，从泉口会随水喷出活蹦乱跳的鲜鱼，数量不少，每年达 2 000 斤左右，甚为可观。这种鱼如候鸟一样，年年按时流出，9 月鱼又复归山洞越冬，成为京畿鱼泉奇观，又堪称河北"八大怪泉"之一。

据报道：从泉里"飞"出来的"丙穴鱼"不只限于河北涞水县，四川、湖南、湖北等地都有不少"泉涌鱼飞"的鱼泉奇观。如江西武宁县宋溪乡山口村有一泉水洞，高 1.5 米，宽 2 米，人弯腰可入内，十多米后洞口渐小，从洞内流出一股清泉，四季不竭。有趣的是，每年五六月间，有成群的鱼随泉水涌出，出洞后结伴嬉戏，游一段路程后鱼群就不再往下游了，然后掉头逆水而上，返回洞中。

广西壮族自治区首府南宁市西北 120 千米的右江（西江支流）北岸的平果县城西虾山脚下，有一泉口，泉口离江边很近，泉水清澈明净，淙淙下流，注入右江。每年农历三四月的夜深人静之时，密密层层的虾群云集在右江水和泉水汇合处以上的浅水洼里，争先恐后地逆水奋进。被泉水冲下来的，一次不成，又两次三次拼力冲锋，那种勇往直前的精神，真叫人叹为观止。待它们冲上泉口后，便以胜利者的姿态，悠哉悠哉地游入泉水深处，从此便不知何时再出泉了。这就是有名的"虾进泉"。

知识小链接

习　性

长期在某种自然条件或者社会环境下所养成的特性。

这里虾的奇特习性是"江里生泉里养"。右江是其"老家"，虾泉则是它们的别墅。当地村民据数百年来祖传经验，总结出："白天虾公不离窝，天越黑暗虾越多。三月四月无月夜，一夜来虾两大箩。"夜间只要在泉口安上一个虾笼，坐在泉边"守笼待虾"，经两三个小时，便可不"捞"而获十几千克虾。其实夏秋季节本来也有虾，因泉口被上涨的江水淹没，虾笼无用武之地，只能在虾泉旁边用网来捞，也可满载而归。只有冬季虾少且瘦。

水火泉

在我国台湾省台南县自河镇东部约8千米的关子岭北麓，有一处"水火同源"壮景，泉水从那黝黑的岩石缝里涌出，水温高达84℃，水色灰黑，水味苦咸。俗话说"水火不相容"，然而这里的泉水流进一个小池里，滚滚如沸水，浓烟从水中腾起，高1米多，只要在水面上点燃一根火柴，火焰就能从水中燃烧，连水池边上的岩石，都被烤得黝黑。正因为该泉有水中出火的罕见奇景，令前来观览者惊得目瞪口呆，人们称它为水火同源，又叫水火泉。

水火泉

泉水为什么能点燃呢？这是由于地下水中含有可燃性气体成分的缘故。地下水是一种天然溶剂，含有各种矿物成分、气体成分和微生物等。根据地质学家的研究，台湾省正处在世界著名的环太平洋火山地震带上，地层断裂比较发育。这些断层的底部靠近地下岩浆热源，地下水被烘烤加热后，变成温度很高的热水和蒸气，涌出地表，形成台湾岛上100多处形形色色的温泉。

温泉所在的地层，分布着含油气的泥质页岩层，在地热等条件作用下，不断产生着主要成分为甲烷的天然气。由于巨大的地层压力的存在，产生的甲烷不断进入地下水中，其数量相当可观。与地下水"合二而一"之后的甲烷，和地下水一起迁移，而后沿着大断层上升到地表。在标准状况下，甲烷的密度是0.717克/升，极难溶解于水，很易点燃，在空气中安静燃烧，放出大量的热。含甲烷的地下水出露地表后，因压力条件发生了变化，于是和水又"一分为二"，甲烷自水中逸出。由于甲烷无色易燃，故着火时好像水在燃烧似的，使水火不相容的两种物质在泉池中呈现出水火相容奇观——水伴火之泉。

水火泉泉水本身含有多种矿物成分，长期沐浴，可治疗多种皮肤病和风湿性关节炎等。所以泉区一带成为台湾宝岛上著名的游览疗养沐浴胜地。

基本小知识

页 岩

页岩是一种沉积岩，成分复杂，但都具有薄页状或薄片层状的节理，主要是由黏土沉积经压力和温度形成的岩石，但其中混杂有石英、长石的碎屑以及其他化学物质。

▶ "成双"的泉

江西省于都县紫阳观有一眼双味泉，每月单日泉水味酸；双日水甜。一年四季皆是如此。四川省长宁县双井泉，泉内有两道水脉，水味一淡一酸，如若堵住一脉，另一脉也停止了流水；放开一脉，另一脉又重新涌泉。

四川省新宁县多喜山上有一对雌雄泉，一泉春、夏有水，秋、冬无水；另一泉春、夏无水，秋、冬有水。

四川保宁巴州的观音泉，泉内有两个洞，一洞水浑浊不堪，

拓展阅读

南 宋

南宋是中国历史上的一个朝代，宋高宗赵构在北宋陪都南京重建宋朝，南迁后建都临安，史称南宋，与金朝东沿淮水，西以大散关为界。南宋与西夏、金朝和大理为并存政权。南宋偏安于淮水以南，是中国历史上封建经济发达、科技发展、对外开放程度较高，但军事实力较为软弱、政治上较为无能的一个王朝。

另一洞水晶莹澄澈。

在湖北荆门市西北角的象山脚下，有一片古幽清奇、错落有致的古建筑群——龙泉书院。碧波粼粼的泉水穿桥过洞，环流于书院内外。俯身细看，那出没于冷、温合一的龙泉小泉群之中的"石头鱼"颇为特别；飘浮于清泉之上的水金莲生趣盎然。此泉群由蒙、惠、龙、顺四泉组成。相传隋、唐、宋时期，蒙泉与惠泉即已闻名遐迩。蒙泉在北，为冷泉；惠泉居南，是温泉。

顺泉相传为南宋时所发现，由于以孝顺著称的楚老莱子曾隐居泉畔，"顺故名泉"。根据此小泉群冷、温合一的特点，人们已在泉区建起了游泳池。沐浴在这绿得醉人的美酒般的泉池中，谁能不心旷神怡呢！自从隋文献皇后在泉畔始建月亭之后，迁客骚人沓至纷来：南宋理学家陆九渊曾来泉边讲学布道；陈子昂、欧阳修、黄庭坚等的题诗刻字在泉畔比比皆是。

河流与湖泊

　　河流通常是指陆地河流，是由一定区域内地表水和地下水补给，经常或间歇地沿着狭长凹地流动的水流。河流一般发源于高山，然后沿地势向下流，一直流入湖泊或海洋。

　　湖泊是陆地表面洼地积水形成的比较宽广的水域。

　　中国是一个地域广阔，河流、湖泊众多的国家，许多名湖大河在境内流过。其中，不乏很多有趣的河流湖泊。

　　在世界范围内，奇特的河流和湖泊就更多了。

世界河王

  1540年，一支西班牙殖民者探险队为了在南美洲寻找传说中的"黄金国"，翻过安第斯山，从一条河流的上游乘船而下，途中遭到当地印第安人的袭击，勇猛凶悍、骁勇善战的印第安妇女使他们联想起希腊神话中有关亚马孙女人国的故事，便把这条河取名为亚马孙河。

  这是一片日夜奔腾，长达六七千米的淡水海洋，其声势之大，真是无与伦比。丰沛的降水、聚水的地形以及利于水系发育的广阔空间，使它的流域面积达700多万平方千米，约占南美洲总面积的40%。1 000多条支流（其中有几条支流长度在1 500千米以上）汇成一体，使它每年泻入大西洋的水量达3 800立方千米，相当于刚果河的3倍多，超过密西西比河10倍，是尼罗河的50倍；占世界河流入海总水量的1/5。亚马孙河在不到3小时内注入大西洋的淡水可满足一个450万人口的国家一年全部工农业生产和生活用水的需求。所以，亚马孙河作为世界上流域面积最广、流量最大的河，是当之无愧的"世界河王"。

基本 小知识

入 海 口

  入海口是指河或者川流入海里的入口，即淡水和海水混合的区域，一部分地域为陆地，一部分地域为大海。入海口区域是淡水和海水交融的地方，所以盐分浓度变化无常。

  亚马孙河"体态"格外宽阔，又是世界上最宽的河。在离入海口1 500千米的内陆地区，河面常有10多千米宽，雨季则达40千米宽。在它的入海口，河面宽达300多千米。远洋轮船溯流而上，航行3 700千米，可以抵达秘鲁的伊基托斯，几乎穿过整个美洲大陆。由于亚马孙平原地势低平坦荡，一到洪水季节，河水排泄不畅，常使两岸数十千米乃至数百千米的平原、谷地形成一片汪洋，亚马孙河因此获得了"河海"的称号。亚马孙河河口呈一巨大的喇叭状，大西洋的海潮可溯河流入内陆 900 ~ 1 300 千米。大潮时，常形成 5 米高的巨浪，呼啸而上，气势磅礴，景色壮观。

亚马孙流域多属热带雨林气候，这里是世界最大的热带雨林区，面积约占世界雨林总面积的 1/3。它制造了地球上 1/3 的氧气，故被称为"地球之肺"。在这个巨大的天然热带植物园里，植物的种类不下 20 万种，仅被发现的树木就达一万多种。这里有高达七八十米的"望天树"，有世界上叶片最大的植物王莲（叶片直径达 2.5 米）。在那浩瀚的林海之中，栖息着许许多多的奇异动物。如会爬树的美洲豹、松鼠那么大的狷猴、体态轻盈的虎猫、身披"盔甲"的犰狳、羽裳艳丽咀甲如钩的图卡诺大鸟；还有大得能捕捉飞鸟的蜘蛛、在树上过着倒吊生活的树懒、靠长爪和喙突的鼻子挖穿坚硬的蚁巢以蚂蚁为食的大食蚁兽。

犰 狳

在亚马孙河生存着两千多种鱼类，占世界淡水鱼种类的一半以上，其中不少是亚马孙河特有的鱼种。如珍贵的哺乳类水生动物——牛鱼，其体型尤其是头部酷似水牛，胸部长着一对如拳头大小的乳房，其胃也有四室，肉味兼有鱼、牛两种味道，故被称为牛鱼。在当地，牛鱼被视为"爱神"。

▶ 瀑布之王

北美洲的尼亚加拉河是汇通五大湖水的一条河流，伊利湖流水在汇集了苏必利尔湖、休伦湖和密歇根湖 3 大湖水之后，从这条河流往安大略湖。河流只有 56 千米长，但河谷狭深陡峭，形成一个很深的断层。河东是美国的纽约州，河西是加拿大的安大略省，大瀑布就坐落在这里。

尼亚加拉河上游地势平展，河面宽阔，水深流缓。可是在距瀑布不远处，河道变窄，水流加速，河水落差骤然间就猛增到 15 米。随着地势的起伏，这股湍急的水流被一座位于加美边界的"山羊岛"隔开：水势最猛的一股流入加拿大境内，呈马蹄形，这就是闻名世界的尼亚加拉大瀑布，它的宽度为 750 米，落差

你知道吗

纽约州

纽约州位于美国东北部，是美国五十州中最重要的一州，也是美国经济最发达的州之一，农业和制造业为该州的主要产业。

52.8 米；水势较弱的一股是美国瀑布，它的宽度为 330 米，落差 55.2 米。尔后，这两个瀑布的水流就以排山倒海之势、雷霆万钧之力注入尼亚加拉河下游。尼亚加拉河为加、美两国共有，尼亚加拉河主航道中心线为加、美边界。在这条和平边界上，双方不设一兵一卒，两国人民自由往来。设在尼亚加拉河两边的姊妹城市都叫尼亚加拉瀑布城。遗憾的是，美国居民在本国境内看不到自己的瀑布，他们必须驱车穿过彩虹桥来到加拿大境内，才能观赏到大瀑布的壮丽景色。

尼亚加拉大瀑布

在这里，人们既可以乘坐游艇驶向大瀑布，在它面前经风雨、见世面，又可以乘坐电梯穿过 72 米深的地下隧道，钻到大瀑布脚下，倾听惊涛骇浪的怒吼。入夜，相当于 42 亿支烛光的探照灯从四面八方照射在大瀑布上，异常壮观。此外，还有一景是"天上观瀑"：在河西岸上筑有一座高塔，高约 160 米，上面是一个可以转动的巨大圆盘饭店，每一小时转动一周，游

人可以通过玻璃窗纵览大瀑布的来源去路。

尼亚加拉瀑布城以别具一格的园艺享有盛名，从世界各地引进了很多奇花异卉。如荷兰的郁金香、中国的牡丹、日本的樱花、墨西哥的仙人掌，还有数不清的紫罗兰、百合花和羊齿类植物等。在尼亚加拉河下游，距大瀑布不远处有一座巨大的花钟，由 2.4 万株各

趣味点击　面积最大的博物馆

中国国家博物馆，2007 年改扩建工程之后，馆舍总建筑面积 19.2 万平方米，为世界上最大的博物馆，展厅数量多达 40 余个。

种不同的植物构成，它模仿建于苏格兰爱丁堡的花钟，但体积却是它的 3 倍，时针和分针自重 225 千克，秒针长 6.3 米，自重 112.5 千克，每隔一刻钟报时一次。

尼亚加拉瀑布城还有为数众多的博物馆和古玩商店，其中以蜡人博物馆最为著名，里面收藏了各国历代名人栩栩如生的塑像数百尊。

大瀑布附近有登山车和游乐场，瀑布南方的塔夫林千岛公园是一个很幽静的池沼群岛地带，可以泛舟、游泳。

▶ 埃及的母亲河

埃及是一个古老的文明古国，全国 90% 以上的土地是沙漠，只有尼罗河流经的地域水源富足，形成一条宽 3~20 千米的绿色长廊。尼罗河哺育着沿河的居民，古代埃及人在这里创造出高度的文明，所以古埃及人把自己的国家叫作"尼罗河的礼品"。

尼罗河在阿拉伯语中是"大河"的意思。它发源于东非高原布隆迪高地，流经布隆迪、卢旺达、坦桑尼亚、乌干达、埃塞俄比亚、苏丹和埃及七国，全长 6 600 多千米，是全世界最长的河流。在地图上，它的干支流好像一棵倒

生的古树，根部在地中海，树干在撒哈拉沙漠，树枝部分在赤道多雨地区。

尼罗河"喜怒"无常，一年要变好几回颜色。每年的2~5月为枯水期，河水清澈透明。从6月开始，白尼罗河从上游带来许多腐烂的苇草等有机物，使水色逐渐变绿，并散发出一股特别的气味来，这是泛滥前的"绿水"。7月，泛滥期来了，青尼罗河水量剧增，浊流奔腾，泥沙滚滚，河水变成了红褐色，称为"红水"。9月份的河水最红。11月后，水位逐渐下降，红褐色逐渐消退。到新年后，河水又恢复清澈透明了。所以当地农民只要一看到河水变色，便知何时该迁往高处避水，何时可搬回去耕耘。

拓展思考

关于最长的河流的争议

　　关于谁是世界上最长的河流颇有争议。尼罗河长度为6 600多千米，是公认的世界第一长河，但最近，由巴西、秘鲁两国组成的科考队经过长途跋涉，发现亚马孙河新源头，这个源头使得亚马孙河长度达到了6 800多千米，成为第一长河，从而引起了专家们的争议。

尼罗河沿岸风光优美，自然景观和人文景观相得益彰。在下游的三角洲地区，尼罗河两岸一片苍翠，河面上缕缕雾气、阵阵微风和着茉莉花香拂面而来，沁人心脾。在开罗市区，尼罗河两岸大厦林立，树木葱郁，各种各样的花卉散发出浓郁的花香。尼罗河上七座大桥犹如七道彩虹飞架两岸，把古城的交通连接了起来。在开罗以南约13千米的尼罗河西岸，矗立着世界七大奇观之一的埃及金字塔。在埃及南部的尼罗河畔，有著名的风景区阿斯尤特，世界上最负盛名的考古城市卢克索，世界闻名的绿城阿斯旺。卢克索附近古迹到处可见，有许多气

瑰丽的尼罗河

势雄伟、扑朔迷离的神庙，埃及有将近 1/6 的文物是在该地区出土的。阿斯旺城距阿斯旺大坝 10 千米。著名的阿斯旺大坝，像空中花园似的悬架在尼罗河上，坝高 111 米，长 3 830 米，底宽 980 米，顶部宽 40 米，修建历时 10 年半，耗资约 10 亿美元，动用土石 4 300 万立方米，相当于大金字塔的 17 倍。大坝气势磅礴，犹如横跨尼罗河上的巨大彩虹，被人们称为"堪与法老时代的金字塔并列的埃及世纪性工程"。

变色的多瑙河

你多愁善感，

你年轻、美丽、温纯，

犹如矿中闪闪发光的金子，

真情在那儿苏醒，

在多瑙河旁，

美丽的蓝色的多瑙河旁。

这是诗人卡尔·贝克的诗句，一首赞颂多瑙河的青春和美丽的诗篇。

"圆舞曲之王"约翰·斯特劳斯就在这种意境的孕育下，写出了充满活力、抒情优美的《蓝色多瑙河圆舞曲》。她那美妙的旋律把人们带到了美丽的蓝色的多瑙河旁。

多瑙河，发源于德国西南部黑林山东坡，向东流经奥地利、匈牙利、保加利亚、乌克兰等国，注入黑海。

这是欧洲流经国家最多的一条国际

美丽的多瑙河

性河流，也是世界上流经国家最多的河流。

大自然中的多瑙河风光旖旎，秀丽多姿。特别是在奥地利，多瑙河最富有诗情画意。美丽的多瑙河从阿尔卑斯山谷中奔流而出，流淌在"世界音乐之都"——维也纳的身旁，穿越那苍翠而幽静的维也纳森林，树林、野花、绿草把蓝色的多瑙河打扮得更加美丽。听！"迎着那朝霞的光芒，小溪流水潺潺地响，美丽富饶的绿色森林，轻轻地在歌唱。蜜蜂飞向花丛中，那儿有铃兰花在开放，露珠闪闪发光。……小鸟在森林里尽情歌唱，悦耳歌声四处荡漾，朝霞光芒中夜莺向太阳歌唱。"蓝色的多瑙河，维也纳森林，多少艺术家为你歌唱，为你倾倒。

拓展阅读

多瑙河之波

《多瑙河之波》是 19 世纪末罗马尼亚的作曲家扬·伊万诺维奇所创作。他长期在布加勒斯特军乐队中任职，创作过一些器乐作品，但只有《多瑙河之波》有影响并且流传。这部作品原是一首为军乐队创作的吹奏乐圆舞曲，采用维也纳圆舞曲的形式，演出后由于受到人们的欢迎，作曲家还把它改编成钢琴曲。后来，这部作品在巴黎国际音乐比赛中获奖。

人们把多瑙河称为"蓝色的多瑙河"，其实它是一条多彩的变色河。它的河水在一年中要变换 8 种颜色：6 天是棕色的，55 天是浊黄色的，38 天是浊绿色的，49 天是鲜绿色的，47 天是草绿色的，24 天是铁青色的，109 天是宝石绿的，37 天是深绿色的。真是一条奇特的变色河。

➡ 奇特的河流

世界上的河流形形色色，多种多样。有的水流浩荡，激流澎湃；有的涓涓细流，淙淙有声；有的河流奔向海洋，有的消失在盆地和湖泊之中；有的河流清澈见底，有的河流浊浪滚滚；有的河流定期泛滥，有的河流每年有凌汛；有的河流变为"地上悬河"，有的河流成为"九曲回肠"；有的河流时而消失不见，时而呼啸而出；有的河流行踪不定，经常改道。形形色色的河流同大自然中的地形、气候、植物等，有着密切的关系，它们之间既相互联系，又相互制约。

世界上的河流绝大多数有源头，也有归宿。有趣的是，有些河流却没有"尾巴"，这是亚洲内陆和干旱荒漠区的内陆河的一个显著特征。

我国西北地区的弱水、塔里木河、玛纳斯河、和田河、克里雅河、孔雀河、车尔臣河，中亚细亚的楚河、萨雷苏河等，都是断了尾巴的河流。它们从祁连山、昆仑山、天山等高山奔流下来的时候，水量很大，出山口流过冲积平原、戈壁滩，由于渗漏，加上这些地方气候干燥，河水大量蒸发，得不到雨水补充，水量越来越少。当河流进入辽阔的沙漠区，河水被干渴的沙漠吞噬掉，河流就消失不见了。

基本小知识

沙　漠

　　沙漠是指地面完全被沙所覆盖、植物非常稀少、雨水稀少、空气干燥的荒芜地区。

在石灰岩广布的地区，还有没头、没尾的河。我国广西、贵州山区，有些河流在山间蜿蜒曲折流泻，突然，它在山前消失啦！在一些寸草不生、滴水不藏的石山脚下，又突然会冒出滚滚的流水，成了一条新河。这是地下暗河（又叫伏河）耍的把戏。原来，在高温多雨的石灰岩地区，在漫长的地质时代，由于地球内力和外力的作用，地下岩层形

暗　河

成断裂带、溶洞、落水洞，发育成或长或短的地下河。

广西都安县地苏乡有一条不见天日的暗河，它有一条干流和十多条较大的支流。干流源出都安西北部的七百弄山区，沿岩层断裂带从西北向东南流，流程长 45 千米，汇水总面积为 1 000 平方千米。这条地下河在红渡以西的青水出口，注入红水河。它最大的流量为每秒 390 立方米，最小流量为每秒 4 立方米。

还有更奇妙的河——潮水河。这不是一般每天受潮汐影响而时涨时落的水流现象，而是另一种与潮汐无关的河水涨落奇景。我国湖北西部的神农架天然林区，是著名的自然保护区，面积 3 200 平方千米，传说是我国古代的神农氏遍尝百草的地方。这里有不少地方是石灰岩分布区，有峰林、孤峰、溶洞、岩溶泉、地下河等岩溶地貌。这里有条潮水河，来自一个大山洞内的岩溶泉，河流虽小，却有个奇特

拓展阅读

黄石公园间歇泉

黄石公园里有一个叫"老实泉"的间歇泉特别有趣。这个间歇泉不仅喷发猛烈，而且特别遵守时间，总是每隔一小时左右喷发一次，从不提前，也从不推迟。所以才得了这个"老实"的美名。可是，后来因为地震，老实泉发生了变化，现在不如从前那么遵守时间了。

的景象：河水每天日出、中午和日落时定期涨落，涨落的周期为 6 小时。每次河水涨时，持续 30 分钟，比平时的流量大 2 倍，水流仍旧碧澄清澈。河水的定时涨落不受外界旱涝天气的影响。这是怎么回事呢？人们推测，潮水河的源头可能有两个或两个以上的泉眼，包括间歇泉（或虹吸洞）和非间歇泉两种。非间歇泉供给了常流的河水，而间歇泉则供应了涨水的水。

取之不尽的沥青湖

在拉丁美洲有一个神奇的湖泊叫披奇湖，它坐落在加勒比海上特立尼达

和多巴哥的特立尼达岛，距首都西班牙港约 96 千米。这个被高原丛林环抱的湖泊，面积达 46 公顷。奇怪的是这个湖没有一滴水，有的却是天然的沥青，因此人们称其为"沥青湖"。该湖黝黑发亮，就像一个巨大精致的黑色漆器盆镶嵌在大地上。湖面沥青平坦干硬，不仅可以行人，还可以骑车。湖中央有一块很软很软的地方，在那里，源源不断地涌出沥青来。因此，它被人们誉为"沥青湖的母亲"。

沥青湖

　　这个湖的神奇之处在于湖中沥青"取之不尽，用之不竭"。自 1860 年以来，人们已不停地开采了 100 多年，被运走的沥青多达 9 000 万吨，而湖面并未因此而下降。据地质学家考察和研究，该湖至少深 100 米，如果按每天开采 100 吨计算，再开采 200 年也不会采尽。它是目前世界上最大的天然沥青湖。如此神秘的沥青湖是怎样形成的呢？

　　随着科学技术的发展，这个湖的奥秘终于逐渐被揭开了。现已查明，该沥青湖的形成是由于古代地壳变动，岩层断裂，地下石油和天然气涌溢出来，经长期与泥沙等物化合而变成沥青，以后又不断地在湖床上逐渐堆积和硬化，形成了如今的沥青湖。从沥青湖的形成过程，也可反映出该地区的历史演变和发展。在采掘中，人们曾发现古代印第安人使用过的武

广角镜

沥青湖的珍贵植物

　　科学家还在沥青湖中发现了珍贵的植物。黏稠的沥青把植物的种子和花粉包裹起来储藏至今。科学家们通过研究这些不同时期的种子和花粉，就可以了解地球上万年来的气候变化。

器、生产工具以及生活用品，还采掘出史前动物的骨骼、牙齿和鸟类化石等。

1928 年，该湖湖底突然冒出 1 根 4 米多高的树干，竖立在沥青湖的中央。几天以后，树干才逐渐倾斜沉没湖底。有人从树上砍下一段树枝，经科学家们研究考查，发现这棵树的树龄已有 5 000 多年了。

贝加尔湖的奥秘

镶嵌在俄罗斯西伯利亚中南部群山环抱中的贝加尔湖，对居住在它周围的人来讲是个"圣海"，对科学家来说，则是一个迄今未找到答案的"疑案"。贝加尔湖在中国古代被称为"北海"，著名的苏武牧羊的故事就发生在这里。

贝加尔湖是世界上最深的淡水湖。它南北长 636 千米，东西宽 79 千米，面积达 31 500 平方千米，最深处可达 1647 米，底部的沉积层也最厚，达 7 000 米。

由于它面积大，湖水又特别深，因此淡水储量高，蓄水量达 23 000 立方千米，占地球表面淡水总量的 1/5，超过波罗的海的水量（贝加尔湖面积仅为波罗的

纯净的贝加尔湖

海面积的 1/13），比北美著名的五大湖加在一起的淡水储量还要多，可谓世界上最大的淡水宝库。在今天世界淡水日渐缺乏的情况下，贝加尔湖的价值就更高了。

贝加尔湖是世界上最"老"的湖泊。世界上绝大多数的淡水湖都比较"年轻"，其"年龄"一般不超过 2 万岁，但贝加尔湖却是个例外，有 2 500 万岁"高龄"。

知 识 小 链 接

淡 水 湖

淡水湖是指以淡水形式积存在地表上的湖泊，有封闭式和开放式两种。

北冰洋海豹也在贝加尔湖繁衍生存

贝加尔湖又是世界上湖水透明度最高的湖。它远离工业区和人口密集区，海拔较高（海拔456米），又处于群山环抱之中，因此湖水洁净，其纯净程度接近蒸馏水。在晴朗的天气，阳光射入湖水几十米深。湛蓝的湖水波光粼粼，环湖群山中的森林茂密葱翠，风景十分优美，环境幽静无污，令人心旷神怡，因而成为俄罗斯著名的疗养和旅游胜地，被誉为西伯利亚的"明珠"。

1988年起，前苏联和美国的科学家联合对该湖进行了新的考察和研究，获得了许多有趣的新发现。其中之一是发现湖水深1 500米处还有生命存在，而其他的湖水深300米处就已无生命现象。贝加尔湖1 500米深处含氧量依然很高，而其他湖水深300米处含氧量已不足以维持生命。科学家认为，这可能与贝加尔湖水层之间换位、环流有关。正常的湖水一年环流两次，贝加尔湖中湖水的"循环"（即从湖面至湖底之间的循环）却缓慢异常，耗时约8年。贝加尔湖"最陈旧"的水与空气脱离直接接触已达14～16年，其所处的位置却在820米深处。科学家们认为，是这个极为缓慢的湖水环流节奏使那些适应了该湖特殊条件的生命得以生存和繁衍，而且它们已不受干扰地存在了250万年。

贝加尔湖虽远离海洋数千千米，自古以来从未与海洋相通，又是一个淡水湖,但科学家们却发现贝加尔湖中生活着如海绵、菌类、寄生虫、虾、蜗牛等通常只生活在海洋中的生物种类,甚至连生活在北冰洋海域的海豹竟然也在这高山湖泊中繁衍生存,实在是一个未解之谜。与此同时,科学家还发现贝加尔湖底有洞穴和裂缝,地底热气从这些洞、缝中不断泄漏出来,致使附近的水温增至10℃左右——此种"水底温泉"仅在海洋中才有,以前在任何淡水湖中均未发现过。因此,科学家们认为,贝加尔湖有渐渐变"海"的趋势。据观测,贝加尔湖的面积还在逐年"缓慢但持续"地扩大。科学家预言,贝加尔湖终有一天会变成真正的浩瀚大海。

拓展阅读

水怪谜团

一提到贝加尔湖,人们第一个想到的就是贝加尔湖水怪。由于贝加尔湖生成的年代久远,在幽深的湖底生活着很多珍稀生物,是世界上拥有濒临绝种的特有动、植物最多的湖,共有848种动物和鱼类、133种植物濒临灭绝。同时,因为贝加尔湖是亚欧大陆上最大的淡水湖和世界上最深和蓄水量最大的湖,尽管湖面平静,却时有起雾的天气,加上湖的深度,让人们不知不觉间产生了诸多联想。不少科学家考察认为,某些古老的物种经过漫长时间的演变,可能逐渐演变成为人们口中的"水怪",但同尼斯湖水怪一样,至今仍没有确切的证据和足够清晰的照片表明"水怪"的存在。

📍 分层的湖

努沃克湖位于美国阿拉斯加州北部的巴罗角上,北面不远就是北冰洋。它长180米,深5.4米。湖水明显分为两层:上层为淡水,水中生活着淡水鱼类;下层是咸水,与海水差不多,里面生活着海洋生物。湖水泾渭分明,分界线就在水面以下1.8米的地方。

努沃克湖的这种怪现象,当地的因纽特人早已知道,但人们一直找不到原因。现在，科学家是这样解释的：努沃克湖原来是一片低洼地，狂风曾将附近的海水及鱼虾刮起来抛到这片洼地中。后来，冰雪融化之后流入湖中，又突然遇到寒冷空气，湖面被封冻了，挡住了风的吹拂，上面的密度小的淡水和下面的密度大的海水难以混合起来。于是就变成了一个奇特的双层湖。

无独有偶，在北冰洋巴伦支海的基里奇岛上有一个麦其里湖，该湖的水域层次共分五层，因此人们称其"五层湖"。

五层湖的每层水质不同，因而各具自己特有的生物群，构成一个绚丽多彩的湖中世界。五层湖的最底下一层是饱和的硫化氢，它是由各种生物的尸体残骸和泥沙混合而成。在这层中经常产生剧毒的硫化氢气体，其中只生存着一种"嫌气性细菌"，其他生物无法生存。

第二层湖水呈深红色，宛如新鲜的樱桃汁液，色彩十分艳丽。这里没有大的生物，只有种类不多的细菌，它能吸收湖底产生的硫化氢气体作为自己的养料。

基本小知识

细 菌

细菌，广义的细菌即原核生物，是指一大类细胞核无核膜包裹，只存在称为拟核区的裸露 DNA 的原始单细胞生物，包括真细菌和古生菌两大类群。人们通常所说的为狭义的细菌，狭义的细菌为原核微生物的一类，是一类形状细短，结构简单，多以二分裂方式进行繁殖的原核生物，是在自然界分布最广、个体数量最多的有机体，是大自然物质循环的主要参与者。

第三层是咸水层，水质透明，是海洋生物的领域，这里的生物有海葵、海藻、海星、海鲈、鳕鱼之类。

第四层是淡水与咸水互相混合的水层，生活着海蜇和咸淡"两栖"生物，如水母、虾、蟹以及一些海洋生物。

第五层即最上面的一层是淡水层，这里生活着种类繁多的淡水鱼和其他淡水生物。

 神秘的的的喀喀湖

在南美洲安第斯山脉的崇山峻岭中，有一个横跨玻利维亚和秘鲁两国的高山湖泊，湖面海拔3 812米，那就是世界海拔最高的通航淡水湖——的的喀喀湖。

传说太阳神在的的喀喀湖上的太阳岛创造了一男一女，尔后子孙繁衍，成为印加民族。因为湖区周围群山中蕴藏着丰富的金矿，印第安人用黄金制成各种各样的装饰品随身佩带，便把它取

的的喀喀湖

名为丘基亚博（即"聚宝盆"的意思）。有一天，太阳神的儿子独自外出游玩，不幸被山神豢养的豹子吃掉了。太阳神悲痛欲绝，泪流满湖。印第安人同情太阳神，痛恨豹子，纷纷上山猎豹，杀了豹子作为牺牲品，追悼太阳神的儿子。后来，人们又在太阳岛上建起了太阳神庙，把一块大石头象征豹子，放在太阳神神庙里，代替祭祀的牺牲，留给后代使用，所以这块大石头就叫"石豹"。"石豹"在印第安克丘亚语中就是"的的喀喀"。所以湖名就由"丘基亚博"逐渐变为"的的喀喀"了。

一般内陆湖都是咸水湖，可的的喀喀湖虽说是内陆湖，却是个淡水湖，湖水清澈甘美，可以饮用。原来，的的喀喀湖附近安第斯山上大量的高山冰雪融水，不断地流入湖内，湖水又通过德萨瓜德罗河向东南方向奔流，进入波波湖，湖内大量的盐分也随之排入波波湖内。

知识小链接

内 陆 湖

内陆湖是指处于河流的尾端或独自形成独立的集水区域，湖水不外泄入海的湖泊。

的的喀喀湖是拉丁美洲著名的旅游胜地。这里湖光山色，交相辉映，景色秀丽，引人入胜。泛舟湖上，可以看到许多的的喀喀湖特有的名叫"巴尔萨"的小舟在捕鱼，这种渔船是用当地出产的香蒲草捆扎而成的。还有许多"浮动的小岛"在湖中漂来荡去，上面住着三四户人家。这些"浮动的小岛"并非陆地，而是用香蒲草捆扎而成的。"巴尔萨"和"浮动的小岛"构成了的的喀喀湖上的独特风光。

优美的自然环境，湖区周围肥沃的土地，哺育着世世代代的印第安人，使的的喀喀湖成为古代光辉灿烂的印加文化的摇篮。著名的蒂亚瓦纳科（古印加帝国一支印第安部族的首都）就建在的的喀喀湖畔（后因湖水退走，城市才远离湖岸 20 余千米）。蒂亚瓦纳科之名在古印第安语中意为"创世中心"，昔日古代印第安人就在这一带发展了灿烂的蒂亚瓦纳科文化，在建筑、雕刻、绘画、几何学、天文学等方面达到了很高的水平。在蒂亚瓦纳科遗迹中，太阳门驰名于世。它用巨石雕凿而成，宽 3.84 米，高 2.73 米，厚 0.5 米。门上饰有花纹，最下一排刻有"金星历"，中央为太阳神像，左右有三行八列鸟人。每年 9 月 22 日（南半球春分日），正午阳光直穿太阳门，说明当时的蒂亚瓦纳科人已经掌握了高深的天文学知

广角镜

的的喀喀湖上浮动的小岛

人们泛舟湖中，还可以看到许多居住着三四户人家的"浮动小岛"。这些漂来漂去的"小岛"并非陆地，而是用当地出产的香蒲草捆扎而成的。香蒲草是多年生草本植物，高达 2 米，叶子细长，可以编织席子、蒲包。厚厚的香蒲草堆铺在一起，浮力很大，乌罗人就在上面用香蒲盖起简陋的小屋。

识。在那技术不发达的旷古年代，在当地不产巨石的情况下，蒂亚瓦纳科人是用什么方法运来如此沉重的巨石？是如何雕凿加工这些巨石的？为什么他们的天文学水平如此之高？这些都还是不解之谜。

惊马湖和杀人湖

在我国西藏希夏邦马峰以西的吉隆沟，是人烟罕见的原始森林，沟里的白果湖，面积不到 1 平方千米，但水深莫测。这里常发现一个奇怪的现象：马一到湖边，就恐怖地嘶叫，转身往回跑。如果逼着马再往前走，它就惊慌地狂奔而去。过了这个湖，就又恢复常态。

1984 年 6 月的一天，一支部队经过湖边时，马又惊叫起来。此时，湖中掀起波浪，水面上露出一个庞然大物的背，像一个大水牛的背，灰黑色，它在水里游动，发出"嗬嗬！"的响声。突然又露出一个形状像大水牛的头，长有角，几秒钟之后又潜入水下去，继续在水中游动。在怪物露面的时候，战马战栗地嘶叫着跑离这个地方；就是在冬天，湖面上结了冰，马经过这里照样受惊，而且，有时还能听到冰下有响动，湖面有一处始终不结冰。

白果湖还不算恐怖，在非洲还有一个杀人湖呢！1988 年暮春的一天早晨，西非喀麦隆高原美丽的山坡上，蓝色的耐奥斯湖不知为什么变得一片血红。山下沿坡的草丛里到处躺着死去的牲畜，它们好像被谁从天上抛下来摔死的。耐奥斯湖畔的村落里，显得格外死寂，房舍、教堂、牲口棚都完好无损，可是街上没有一个人走动。村民住房外躺着横七竖八的尸体，屋内也都是死人。有的躺在床上，有的倒伏在厨房的地板上，身旁撒落着没吃完的饭菜。

在离开耐奥斯湖较远的地方，一些昏迷不醒的垂危者反映了惨案发生的经过：昨日傍晚，突然从耐奥斯湖传来一阵阵隆隆巨响，只见一股幽灵般的圆柱形蒸气从湖中喷出，直冲云霄，高达 80 多米。然后，变成一朵烟云注入下面的山谷，同时一阵大风从湖中呼啸而起，夹着使人窒息的恶臭，将这朵烟云推向四邻的小镇。烟云所到之处，生命都被吞噬。事情发生后，各国的科学家们对耐奥斯湖进行分析研究时，发现水中含有相当多的气体，其中 98%～99% 是比空气重 1.5 倍的二氧化碳。而当人们从深水处将样品提上水面时，湖面就会像刚打开瓶的汽水那样，嘶嘶作响冒气。

基本小知识

山 崩

山崩是山坡上的岩石、土壤快速、瞬间滑落的现象。泛指组成坡地的物质，受到重力吸引，而产生向下坡移动的现象。暴雨、洪水或地震可以引起山崩。人为活动，例如伐木和破坏植被、路边陡峭的开凿、或漏水的管道也能够引起山崩。在雨后山石受雨水冲击，也能引发山崩。

由此，科学家们断言，这是山崩或火山爆发时产生的大量二氧化碳被慢慢溶解在湖水中。久而久之，耐奥斯湖就成了一个含有大量二氧化碳的"定时炸弹"，稍稍地扰动一下，就会轻而易举地触发湖水释放气体。当大量二氧化碳云雾沉到地面时，地面的动物和人便都窒息而死。

▶ 神奇的 "水妖湖"

在前苏联的卡顿山里，隐藏着一个神奇的湖泊。湖面明亮如镜，在阳光照耀下，熠熠生辉。如果仔细观察，人们还能看见那银色的湖面时时升起缕缕微蓝色的轻烟。在这里，环境十分幽雅宁静，湖光山色十分秀美，宛若童话般的仙境。

然而，这个美丽的湖泊却笼罩着神秘而又可怕的气氛，人们望湖生畏。自古以来，人们称这美丽的湖泊是水妖居住的地方，它常年喷吐着毒气，谁去了谁就会很快被毒死，一旦人或动物掉进湖里，很快就会死去，所以，人们称其"神奇的水妖湖"。多少年来，许多英雄好汉曾想揭开"水妖湖"的神秘面纱，可未走近湖畔，就会感到恶心头晕，流口水，呼吸困难。如不马上离开，就会死去。因此，无人敢冒死前去。

据说，后来有一位地质学家带着几个助手，戴上防毒面具进行实地勘察，终于解开了水妖湖之谜。原来，这个湖根本没有什么水妖，湖水也不是普通的水，而是水银。那银色的湖面，就是硫化汞在阳光下分解生成的金属汞。

神秘的水妖湖

湖上缕缕微蓝色的轻烟，就是在太阳光照射下的水银蒸气。由于水银蒸气毒性极强，能杀死生物，因此，在湖四周的空气中，水银蒸气的浓度很大，凡是人或动物接触久了，就会中毒而死亡。所谓"水妖湖"其实就是"水银湖"。

三色湖和变色湖

印度尼西亚佛罗勒斯岛上的克利穆图火山山巅，有一个奇异的三色湖，它是由三种不同颜色的火山湖所组成。它们彼此相邻，湖水颜色各异。其中较大的一个火山湖，湖水呈鲜红色，红似鲜花；与其相邻的一个火山湖，湖水呈乳白色，白如牛奶；另一个湖的湖水呈浅蓝色，蓝如长空，水天一色，山景水色相映成趣，美丽无比。

三色湖

　　每当中午时分，三色湖湖面上轻雾缭绕，仿佛笼罩着一层薄纱，朦朦胧胧，格外迷人。一到下午，整个湖面都是乌云密布，阴沉可怕。据记载，三色湖是由于很久以前克利穆图火山爆发而形成的，呈鲜红色的湖水中含有铁矿物质，呈浅蓝和乳白色的湖水中含有硫黄。

　　在澳大利亚南部，有一个会变色的湖。一年中，它会变出灰、蓝、黑三种不同的颜色。海洋地质学家认为，主要是由于这个湖水里含有大量碳化钙的缘故。冬季气温低，碳化钙沉于湖底，并凝结成晶体，故湖水呈黑色。夏季温度升高，碳化钙结晶体便慢慢由湖底升起，使黑色的湖水变为灰色。秋天时，碳化钙结晶体几乎全部浮在湖面，由于光的折射原理把蔚蓝色的天空映到湖中，因而使湖水由灰色变成蓝色。

你知道吗

钙化

　　病理学上指局部组织中的钙盐沉积，常见于骨骼成长的早期阶段，亦见于某些病理情况下。

　　有机体的组织因钙盐的沉着而变硬，例如儿童的骨骼经过钙化变成成人的骨骼，又如肺结核的病灶经过钙化而痊愈。

⬤▶ 奇妙的太阳能湖

　　在烈日当空、热浪袭人的盛夏，人们都喜欢到江河湖海去洗澡、游泳，好解解身心的闷热。尤其在匈牙利的梅德韦等一些小湖泊里，湖面的水温冷热宜人，但当人们潜入湖水深层的时候，就会被滚热的湖水烫得大叫起来。

　　原来这些湖泊的湖面一层的水温只略高于 $20℃$，而大约 1.3 米深以下的水温却高达 $60℃$。这些小小湖泊，并没有地下温泉，上下水层深度相差也并不大，而温度竟如此悬殊。这究竟是什么在作怪呢？

　　原来，照射到湖面上强烈的太阳光，除极少部分被反射到大气中去外，绝大部分射入湖水里。随着太阳光射入湖水深处路程的增长，光线就会逐渐减弱，最后终于完全被湖水吞没。这就是海洋深层永远是锅底一样黑的缘故。而此时，射入湖水的太阳光能转换成了水的热能。这一点，我们可以从湖水温度升高看出来。

然而，一个普通湖泊的水温，实际上并不比外界环境温度高多少。那是因为随太阳照射而升高的温度，被从湖面吹拂而过的清风和湖面水分蒸发冷却了，即使是较深层的湖水也不会被阳光照射而温度升高，因为温度较高的水层，比重较轻，有一股浮力，并向湖面流动，在湖面冷却后又重新流到湖底……

这种被物理学家们称为自然循环的现象，就像一个无形的搅拌器，把湖泊里的水不断地搅拌着，所以湖泊深处的水温始终不会升高。地球上绝大多数类型湖泊都是属于这种性质的。

可是，匈牙利那些奇特的小咸水湖则不同。湖的面层，由流入的溪水不断补充淡水，使面层的含盐量比深层湖水的少，湖水的含盐量随深度的增加而增加。而含盐的湖水比不含盐的湖水重，而且热的含盐湖水比冷的淡水更重。这正如一块用铁压着而仍能向上浮起水面的木板一样，能够在比重大的盐水里总是在原位静止不动。在这样的湖泊里，

拓展阅读

晶体硅太阳电池

"硅"是我们这个星球上储藏最丰富的材料之一。自从19世纪科学家们发现了晶体硅的半导体特性后，它几乎改变了一切，甚至人类的思维。20世纪末，我们的生活中处处可见"硅"的身影，晶体硅太阳电池是近15年来形成产业化最快的产业。其生产过程大致可分为五个步骤：①提纯过程；②拉棒过程；③切片过程；④制电池过程；⑤封装过程。

就不存在自然循环现象，而且湖泊的贮水量始终保持不变。静止不动的湖水的导热能力也极差，这种在较低温度面层之下的热水层，深度愈大，向周围

散失的热量就愈少，因为在它上层的水起着隔热作用。这样，整个湖泊就起着贮存太阳能的作用，因而被人们称为天然的太阳能湖。

　　天然太阳能湖贮存太阳能的奥秘，早已在 19 世纪就为科学家所发现，并且从物理学理论上作了正确的解释。自从工业发达国家发生能源危机以来，匈牙利、芬兰等一些国家，尤其是美国和以色列，调拨大笔资金研究和发展人造太阳能湖或太阳能水池，以寻求人类简单而又经济地利用太阳能的路径。

海洋趣闻

　　地球表面被陆地分隔的彼此相通的广大水域称为海洋，海洋约占地球表面积的71%，约占地球上总水量的97%。四个主要的大洋为太平洋、大西洋、印度洋和北冰洋，大部分以陆地和海底地形线为界。目前，人类已探索的海洋只有5%左右，还有95%的海洋是未知的。

　　即便是在这5%左右的海洋中，人类已经发现了海洋的不同寻常之处，无论是海洋中的植物还是动物，都以其奇妙有趣的面貌呈现示人。

　　在未来的海洋开发战中，人们还会不断发现海洋中有趣的动、植物，就让我们拭目以待吧。

"海" 和 "洋"

当人类第一次离开地球，从太空遥望自己的家园时，人们惊讶地发现，地球是一颗蔚蓝色的水球。这是为什么呢？原来，在地球的总面积中海洋占了 70.8%。所以，从太空远远望去，地球就成为一颗蔚蓝色的水球了。

地球上的陆地不仅面积比海洋小，而且显得比较零碎，这里一片，那里一块，好像突出在海洋上的一些大的"岛屿"。海洋却是连成一片的，各大洋都彼此相通，形成一个统一的世界大洋。所以，地球表面不是陆地分隔海洋，而是海洋包围陆地。地球上的居民全生活在大大小小的"岛屿"之上，只不过，有些"岛屿"相当大而已。

地球上的水很多，大大小小的湖泊、河流星罗棋布，而在其中唱主角的，对地球的方方面面产生显著影响的，自然首推海洋，因为海洋水总体积约有 13 亿立方千米，约占地球上水储量的 96.5%。假如地球是一个平滑的球体，把海洋水平铺在地球表面，世界将出现一个深达 2 440 米的环球大洋。

海洋是地球表面除陆地水以外的水体的总称，人们习惯上称它为海洋。其实，"海"和"洋"就地理位置和自然条件来说，它们是海洋大家庭中的不同成员。可以这么说，"洋"犹如地球水域的躯干，而"海"连同另外两个成员——"海湾"和"海峡"则是它的肢体。

知识小链接

水 体

由天然或人工形成的水的聚积体。例如海洋、河流（运河）、湖泊（水库）、沼泽、冰川、积雪、地下水和大气圈中的水等。

"洋"指海洋的中心部分，是海洋的主体，面积广大，约占海洋总面积的 89%。它深度大，其中 4 000 ~ 6 000 米的大洋面积约占全部大洋面积的近

3/5。大洋的水温和盐度比较稳定，受大陆的影响较小，又有独立的潮汐系统和完整的洋流系统，色较高多呈蓝色，且水体的透明度较大。

世界的大洋是广阔连续的水域，通常分为太平洋、大西洋、印度洋和北冰洋。有的海洋学者，还把太平洋、大西洋和印度洋最南部的，靠近南极大陆的连通的水体，单独划分出来，称为南大洋。

"海"是大洋的边缘部分，约占海洋总面积的11%。它的面积小，深度浅，水色低，透明度小，受大陆的影响较大，水文要素的季度变化比较明显，没有独立的海洋系统，潮汐常受大陆支配，但潮差一般比大洋显著。

海，按其所处的位置和其他地理特征，可以分为三种类型，即陆缘海、内陆海和陆间海。濒临大陆，以半岛或岛屿为界与大洋相邻的海，称为陆缘海，也叫边缘海；如亚洲东部的日本海、黄海、东海、南海等；伸入大陆内部，有狭窄水道同大洋或边缘海相通的海，称为内陆海，有时也直接叫内海，如渤海、濑户内海、波罗的海、黑海等；介于两个或三个大

南海风光

陆之间，深度较大，有海峡与邻近海区或大洋相通的海，称为陆间海，或叫地中海，如地中海、加勒比海、红海等。

基本小知识

加 勒 比 海

加勒比海面积约 2 754 000 平方千米，是世界上最大的内海，位于大西洋西部边缘，北纬 9°～22°，西经 60°～89°。

此外，根据不同的分类方法，海还可以分成许多类型。例如，按海水温度的高低可以分为冷水海和暖水海；按海的形成原因可以分为陆架海、残迹海，等等。

海湾，是海或洋伸入陆地的一部分，通常三面被陆地包围，且深度逐渐变浅和宽度逐渐变窄的水域。例如，闻名世界的"石油宝库"波斯湾，仅以狭窄的霍尔木兹海峡与阿曼湾相通，不过，海与湾有时也没有严格的区别，比斯开湾、孟加拉湾、几内亚湾、墨西哥湾、大澳大利亚湾等，实际都是陆缘海或内陆海。

海峡，是两端连接海洋的狭窄水道。它们有的分布在大陆或大陆之间，有的则分布在大陆与岛屿或岛屿与岛屿之间。全世界共有海峡1000多个，其中适于航行的约有130个，而经常用于国际航行的主要海峡有40多个。例如介于欧洲大陆与大不列颠岛之间的英吉利海峡和多佛尔海峡，沟通太平洋与印度洋的马六甲海峡，被称为波斯湾油库"阀门"的霍尔木兹海峡，我国东部的"海上走廊"台湾海峡，沟通南大西洋和南太平洋航道的麦哲伦海峡以及作为地中海"门槛"的直布罗陀海峡等。

大洋观光

认识了"海"与"洋"的联系与区别，我们再来看一看四个大洋的基本情况。

◎太平洋

太平洋，位于亚洲、大洋洲、北美洲、南美洲和南极洲之间。太平洋的形状近似圆形，面积广达17 868万平方千米，约占世界海洋总面积的49.5%，是世界上面积最大、水域最广阔的第一大洋。

太平洋是世界水体最深的大洋，平均深度为4 028米，全球超过万米

太平洋是世界第一大洋

深的 6 个海沟全在太平洋中，其中马里亚纳海沟是世界上海洋最深的地方。

太平洋岛屿星罗棋布，中西太平洋是世界岛屿最多的水域，素有"万岛世界"之称。新几内亚岛、塔斯马尼亚岛、新西兰的北岛和南岛以及美拉尼西亚、密克罗尼西亚、玻利尼西亚三大岛群等，是太平洋中的重要岛屿。

西太平洋岛屿众多，有闻名的花采列岛，包括阿留申群岛、千岛群岛、菲律宾群岛和巽他群岛等。东太平洋岛屿稀少，主要有温哥华岛等。

太平洋的名字很美，其实并不"太平"。在南纬 40°，终年刮着强大的西风，洋面辽阔，风力很大，被称为"狂吼咆哮的40°带"，是有名的风浪险恶的海区，对南来北往的船只造成很大威胁。夏秋两季，在菲律宾以东海面，常产生热带风暴和台风，并向东亚地区运行。强烈的热带风暴和台风，可以掀起惊涛骇浪，连万吨海轮也会被卷进海底。

拓展阅读

太平洋地区的国家

太平洋地区有 30 多个独立国家。西岸有俄罗斯、中国、韩国、朝鲜、越南、柬埔寨、老挝、日本等；东岸有智利、秘鲁、墨西哥、美国、加拿大等；南边还有澳大利亚、新西兰、西萨摩亚、瑙鲁、汤加、斐济等，此外，还有十几个分属美、英、法等国的殖民地。

太平洋沿岸和太平洋中，有 30 多个国家和一些尚未独立的岛屿，居住着世界总人口的近 1/2。近年来，太平洋地区的经济发展比较迅速，已引起世界的普遍关注。

◎ 大西洋

大西洋，位于南、北美洲和非洲之间，南接南极洲，通过深入内陆的属海地中海、黑海与亚洲濒临。

大西洋面积约 9 430 万平方千米，是世界第二大洋。大西洋较大的边缘海、内海和海湾有地中海、黑海、比斯开湾、北海、波罗的海、挪威海、墨西哥湾、加勒比海和几内亚湾；著名的海峡有英吉利海峡（拉芒什海峡）、多佛尔海峡（加来海峡）、直布罗陀海峡、土耳其海峡以及进出波罗的海的卡特加特海峡、厄勒海峡和大、小贝尔特海峡等；较大的岛屿和群岛有大不列颠岛、爱尔兰岛、冰岛、纽芬兰岛、大安的列斯群岛、小安的列斯群岛、巴哈马群岛、百慕大群岛、亚速尔群岛、加那利群岛、佛得角群岛、马尔维纳斯群岛（福克兰群岛）以及地中海中的一些岛屿。

大西洋沿岸和大西洋中有近 70 个国家和地区。欧洲西部，南、北美洲的东部，非洲的几内亚湾沿岸，濒临辽阔的大西洋，是经济比较发达的地区。

◎ 印度洋

印度洋，东、西、北三面是陆地，分别是澳大利亚大陆、非洲大陆和亚洲大陆。东南部和西南部分别与太平洋、大西洋"携手"相连，南靠冰雪皑皑的南极洲。

印度洋的面积为 7 492 万平方千米，约占世界海洋总面积的 1/5，是世界第三大洋。

印度洋上的马尔代夫群岛

印度洋中的岛屿较少，大多分布在北部和西部，主要有马达加斯加岛和斯里兰卡岛以及安达曼群岛、尼科巴群岛、科摩罗群岛、塞舌耳群岛、查戈斯群岛、马尔代夫群岛、留泥汪岛等。印度洋的周围有 30 多个国家和地区，除大洋洲的澳大利亚外，其余都属于发展中国家。

◎ 北冰洋

北冰洋，大致以北极为中心，被亚欧大陆和北美大陆所环抱。它通过格陵兰海及一系列海峡与大西洋相接，并以狭窄的白令海峡与太平洋相通。

北冰洋的面积为 1 230 万平方千米，是世界上面积最小、水体最浅的大洋。因此，有人认为北冰洋不能同其他三个大洋相提并论，它不过是亚、欧、美三大洲之间的地中海，附属于大西洋，被称为北极地中海。

北冰洋地处北极圈内，气候寒冷，有半年时间绝大部分地区的平均气温为 $-40℃ \sim -20℃$，且没有真正的夏季，边缘海域有频繁的风暴，是世界上最寒冷的大洋。同时，这里还有奇特的极昼极夜现象。夏天，连续白昼，淡淡的"夕阳"一连好几个月在洋面附近徘徊；冬季，绵延黑夜，星星始终在黑黝黝的天穹闪烁。最奇妙的是在北极的天空中，还可以看到色彩缤纷、游动变幻的北极光。

北冰洋表层广覆着冰层，冬季冰面达1 000多万平方千米，夏季仍有2/3的洋面为冰雪所覆盖，是一片白茫茫的银色世界。这里的冰不仅多，而且厚，一般为2～4米，连重型飞机都可以在冰上起落。越接近极地，冰层越厚，极点附近竟厚达30多米！

北冰洋海岸线曲折，岛屿众多，且多边缘海。亚欧大陆北面自西向东有巴伦支海、喀拉海、拉普帖夫海、东西伯利亚海、楚科奇海等；北美大陆北面有波弗特海和各岛之间的众多海峡；格陵兰岛以东有格陵兰海。北冰洋的主要岛屿有世界最大岛屿格陵兰岛和斯匹茨卑尔根群岛、新地岛、新西伯利亚群岛、法兰士约瑟夫地群岛和北美洲北部的北极群岛等。

趣味点击　北冰洋名称的由来

北冰洋的名字源于希腊语，意即正对大熊星座的海洋。1650年，德国地理学家B.瓦伦纽斯首先把它划成独立的海洋，称大北洋；1845年伦敦地理学会将其命名为北冰洋。改为北冰洋一则是因为它在四大洋中位置最北，再则是因为该地区气候严寒，洋面上常年覆盖着冰层，所以称它为北冰洋。

北冰洋通过拉布拉多寒流和东格陵兰寒流使海水流进大西洋时，往往随身携带许多"土特产"——冰山，浩浩荡荡向南漂去。这些冰山，形状奇特，千姿百态，峥嵘突兀，洁白耀眼。远远望去，仿佛一座座碧海玉山。然而，冰山虽美，却为祸不浅。冰山小的面积不足1平方千米，大的可达好几平方千米，这些"庞然大物"在海上漂移，常常会造成沉船事故，所以有人说冰山是沉船的祸首。

大海里的 "草原" 和 "森林"

海洋里有1万多种植物，绝大多数都是低等的叶状植物，也就是海藻和海洋菌类。这些藻和菌类，大的如参天大树，小的肉眼难以看清。它们有的漂浮于海面，形成辽阔的海上草原；有的生长于海底，形成繁茂的海底森林。

在北大西洋中心，就有一块马尾藻形成的海上草原。由于这里风平浪静，水流微弱，飘浮的马尾藻不能远游，便在这里定居下来，并不断繁衍，盖满了大约450万平方千米的海面，远远看去真像是一片辽阔无边的草原。使这片海域有了"马尾藻海"的称号。

海洋植物不仅可以构成一片片海上草原，而且那些长得高大的海藻，也可以形成巨大的海底森林。长在海底的藻类，不像陆地上的植物那样，扎根于土壤。而是用假根附着在海底或岩石上，直接从海水里获得营养物质。在南太平洋沿岸生长的"海藻树"，高3～15米，粗如人腿，退潮时才露出上部的枝叶。在北美洲的一些沿海地区，生长着一种"棕榈"，长在海底岩石上，不怕风浪冲击，高达90余米。有一种巨藻，是藻类之王，高几十米到百余米，有的甚至达到500米，其"叶片"就有40～100厘米长，它的寿命有12年之久。就是这些巨藻形成了海底森林。

海洋"草原"和"森林"对人类来说，也是宝贵财富。许多海藻营养价值很高，如紫菜、海带、江篱、石花菜、海萝等，都是人们常吃的海菜。许多海藻的药用价值相当大，如海带含碘多，可治甲状腺肿大；紫菜可治高血压；海人草、铜藻、铁丁菜、青虫子等可入药驱蛔虫；萱藻、马尾藻、海蒿子等还可以提炼出抗癌药物呢！还有许多海藻是很好的氮肥和钾肥及重要的牲畜饲料。因此，人类正在努力开发利用海上草原和海底森林。

👁 海洋里的财宝

浩瀚的海洋，处于地球的最低处，宛如盛满了水的盆子。在这难以计量的大盆子里，蕴藏着比陆地上丰富得多的资源和宝藏，是一个巨大的"聚宝盆"。

这聚宝盆底的表层，广泛分布着一种海底矿物资源——锰结核。这种东西的形状就像土豆一样，是一种黑色的铁和锰氧化物的凝结块。里面除含铁和锰之外，还含有铜、钴及镍等55 种金属和非金属元素。整个海底大约覆盖着 3 万亿吨锰结核。并且还在不断增生，是取之不尽，用之不竭的。

锰结核

海底表面还蕴藏着制造磷肥的磷钙石，储量达 3 000 多亿吨。如开发出来，可供全世界使用几百年，海底岩层中还有丰富的铁、煤、硫和岩盐等矿藏。

石油是最宝贵的燃料。目前已探知的海底石油就已有 1 350 亿吨，占世界可开采石油的 45%。我国近海、波斯湾沿海、北海等近海地区的储量最大。

基本小知识

镁

镁是银白色的金属，密度 1.738 克/立方厘米，熔点 648.9℃。沸点 1 090℃。它是轻金属之一，具有延展性。金属镁无磁性，且有良好的热消散性。

在全球 135 亿亿吨的海水中，溶存着 80 多种元素，可提取 5 亿亿吨盐，

3 100万亿吨镁，3 050 万亿吨硫，660 万亿吨钙，620 万亿吨钾，12 万亿吨锶，7 万亿吨硼。此外，还有锂、铀、铜等元素。

20 世纪80 年代以来，又发现了海底热液矿藏，总体积约 3 932 万立方米，是金、银等贵金属的又一来源。因而，它又被称为"海底金银库"。

波涛汹涌的海水，永不停息地运动着。其中潜藏着无尽的能量。海水不枯竭，这能量就用不完，因此海水是可再生能源。全部海洋能大约有 1 528 亿千瓦，这种能量比地球上全部动、植物生长所需要的能量还要大几百倍。可以说，海洋是永不枯竭的电力来源。

海洋中有 20 多万种生物，其中动物 18 万种，植物 2.5 万种。海洋动物中有 16 000 多种鱼类、甲壳类、贝类及海参、乌贼、海蜇、海龟、海鸟等，还有鲸鱼、海豹、海豚等哺乳动物。海洋植物中有大家熟知的海带、紫菜等。

有人统计，海洋生物的蕴藏量约 342 亿吨，它提供给人类的食品能力，是全世界陆地上可耕种面积所提供农产品的 1 000 倍。

海洋里的药材

广袤无垠的大海中，不仅蕴藏着石油和多种矿物，还藏有丰富的药材。种类繁多的海洋动、植物，就是永不枯竭的医药来源。

我国早在唐代时，就有人撰写了专门研究海洋药材的著作《海药本草》（李珣著）。可见大海从很早以前就开始为人类贡献药材了。

像鱼肝油、琼胶、鹧鸪菜、精蛋白、胰岛素以及中药所用的一些海味，都是历史悠久、疗效甚佳的海洋药物。近年来，人们又从海洋动、植物中提取了抗菌素、止血药、降血压药、麻醉药，甚至抗癌药。有一种杀菌能力很强的头孢霉素及其化合物就是从海洋微生物中提取的。它不仅能消灭革兰氏阳性、阴性杆菌，对青霉素都不能杀死的葡萄球菌也有效力，而且没有抗药性。

知识小链接

青 霉 素

　　青霉素是抗生素的一种，是指从青霉菌培养液中提制的分子中含有青霉烷、能破坏细菌的细胞壁并在细菌细胞的繁殖期起杀菌作用的一类抗生素，是第一种能够治疗人类疾病的抗生素。青霉素类抗生素是 β - 内酰胺类中一大类抗生素的总称。

　　食用海带，可以弥补碘的不足，这是尽人皆知的。其实，从海带中提取的药材，对治疗高血压、气管炎、哮喘以及治疗外出血都颇有疗效。从马尾藻中可以分离出一种广谱抗菌素，而海洋中的马尾藻是取之不尽的。珍珠贝壳的珍珠层粉具有治疗神经衰弱、风湿性心脏病等 10 多种疾病的功效。乌贼墨在治疗功能性子宫出血和其他类型的出血症方面大显神

马尾藻

通，既实用又经济。乌贼是我国四大海产品之一，产量很高。

　　海龙、海马也是很重要的药用动物。早在《本草纲目》中对它们的功用就有描述。现代中医对海马的评价是，具有"补肾壮阳、镇静安神、舒筋活络、散淤消肿、止咳平喘、止血、催产"等作用。海龙的药效与海马相似。

　　海洋动物中有很大一部分具有毒性，有的毒性大得惊人。从某些有毒的鱼类中提取的有毒成分制成的麻醉剂，其效果比常用麻醉剂大上万倍，简直令人难以置信；从海绵动物中分离出来的药物，对病毒感染和白血症有明显疗效；从海蛇中可提取能缩短凝血时间的化合物；从柳珊瑚中能够提取前列腺素。

　　另外，某些海洋生物体内含有抗癌物质，如从河豚肝中提炼制成的药品，

对食道癌、鼻咽癌、结肠癌、胃癌都有一定疗效。从玳瑁身上可提取治肺癌的药物。

海洋生物不断繁衍生长，没有穷尽。因此，这个药材库也是永远用不完的。

海洋的呼吸

世界上大多数地方的海水每天都有两次涨落。白天海水上涨，叫"潮"；晚上海水上涨，叫"汐"。

海水为什么会时涨时落呢？这个问题从古代起就引起了人们的注意。直到英国物理学家牛顿发现了万有引力，揭穿潮汐的秘密才有了科学依据。

现在人们弄清了，潮汐现象主要是由月球的"引潮力"引起的。这个引潮力是月球对地面的引力，加上地球、月球转动时的惯性离心力所形成的合力。

你知道吗

离心力

离心力指由于物体旋转而产生脱离旋转中心的力，它使物体离开旋转轴沿半径方向向外偏离，数值等于向心力但方向相反。

月亮像个巨大的磁盘，吸引着地球上的海水，把海水引向自己，同时，由于地球也在不停地做圆周运动，海水又受到离心力的作用。一天之内，地球任何一个地方都有一次对着月球，一次背着月球。对着月球地方的海水就鼓起来，形成涨潮。与此同时，地球的某个另一点上的惯性离心力也最大，海水也要上涨。所以，地球上绝大部分地方的海水，每天总有两次涨潮和落潮，这种潮称为"半日潮"。而有一些地方，由于地区性原因，在一天内只有一次潮起潮落，这种潮称为"全日潮"。

不仅月亮对地球产生引潮力，太阳也具有引潮力，只不过比月球的要小得多，只有月球引潮力的 5/11。但当它和月球引力叠加在一起的时候，就能推波助澜，使潮水涨得更高。每月农历初一时，月亮和太阳转到同一个方向，两个星球在同一个方向吸引海水；而每月十五，月亮和太阳转到相反的方向，

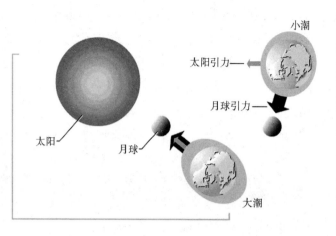

潮汐形成原因示意图

月亮的明亮部分对着地球，一轮明月高空挂，这时，两个星球在两头吸引海水，海潮涨落也比平时大。我国人民把初一叫做"朔"，把十五叫"望"，因此，这两天产生的潮汐就叫"朔望大潮"。

▶ 海色和水色

　　海色和水色，听起来是一致的，其实是两个不同的概念。海色，是人们看到的大面积的海面颜色。经常接触大海的人，会有这样的感受，海色会因天气的变化而变化。当阳光普照、晴空万里的时候，海面颜色会蓝得光亮耀眼；当旭日东升之时，或者夕阳西下之际，太阳可以把大海染得金光闪闪；而当阴云密布、风暴逞凶的时候，海面又显得阴沉晦涩，一片暗蓝。当然，这种受天气状况影响而造成的视觉印象只是一种表象，它并不能反映海水颜色的真正面貌。

　　水色，是指海洋水体本身所显示的颜色。它是海水对太阳辐射能的选择、吸收和散射现象综合作用的结果，与天气状况没有什么直接的关系。平时，我们看到的灿烂阳光，是由红、橙、黄、绿、青、蓝、紫等七种颜色的光合

成的。这些不同颜色的光线，波长是不相同的。而海水对不同波长的光线，无论是吸收还是散射，都有明显的选择性。在吸收方面，进入海水中的红、黄、橙等长波光线，在 30~40 米的深处，几乎全部被海水吸收，而波长较短的绿、蓝、青等光线，尤其是蓝色光线，则不容易被吸收，且大部分被反射出海面；在散射方面，整个入射光的光谱中，蓝色光是被水分子散射得最多的一种颜色。所以，看起来，大洋的海水就是一片蓝色了。

知识小链接

入 射 光

入射光又称入射光线，是照射到发生反射或折射临界面上的光线。发生反射、折射时，入射光线与法线的夹角，决定反射光线、折射光线的方向。

海水的透明度与水色，取决于海水本身的光学性质，它们与太阳光线有一定的关系。一般情况下，太阳光线越强，海水透明度越大，水色就越高（科学家按海水颜色的不同，将水色划分为不同等级，以确定水色的高低），光线透入海水中的深度也就越深。反过来，太阳光线越弱，海水透明度就越小，水色就越低，透入光线也就越浅。所以，随着透明度的逐渐降低，海洋的颜色一般由绿色、青绿色转为青蓝、蓝、深蓝色。

此外，海洋水中悬浮物的性质和状况，对海水的透明度和水色也有很大地影响。大洋部分，水域辽阔，悬浮物较少，且颗粒比较细小，透明度较大，水色也多呈蓝色。比如，位于大西洋中央的马尾藻海域，受大陆江河影响小，海水盐度高，加上海水运动不强烈，悬浮物质下沉快，生物繁殖较慢，透明度高达 66.5 米，是世界海洋中透明度最高的海域。大洋边缘

海色通常显现出蓝天的颜色

的浅海海域，由于大陆泥沙混浊，悬浮物较多，且颗粒又较大，透明度较低，水色则呈绿色、黄绿色或黄色。例如，我国沿海的胶州湾海水透明度为 3 米，而渤海黄河口附近海域仅有 1~2 米。

从地理分布上看，大洋中的水色和透明度随纬度的不同也有不同。热带、亚热带海区，水层稳定，水色较高，多为蓝色；温带和寒带海区，水色较低，海水并不显得那样蓝。当然，海水所含盐分或其他因素，也能影响水色的高低。海水中所含的盐分少，水色多为淡青；盐分多，就会显得碧蓝了。

基本小知识

温带气候

冬冷夏热、四季分明是温带气候的显著特点。我国大部分地区都属于温带气候。从全球分布来看，温带气候的情况比较复杂多样。根据地区的降水特点的不同，可分为温带海洋性气候、温带大陆性气候、温带季风性气候和地中海气候几种类型。温带气候是世界上分布最为广泛的气候类型。由于温带气候分布地域广泛，类型复杂多样，从而为生物创造了良好的气候环境，形成了丰富的动、植物类型。

▶ 红、黄、黑、白四大海

前面讲到了影响海洋水颜色的两个主要因素：透明度与水色。除此之外，别的因素也能决定某一海区的海水颜色，著名的红、黄、黑、白四大海就是如此。

◎ 红 海

红海是印度洋的一个内陆海。它像印度洋的一条巨大的臂膀深深地插入非洲东北部和阿拉伯半岛之间，成为亚洲和非洲的天然分界线。

红海的海水颜色很怪，通常是蓝绿色的，但有时候会变为红褐色。这是为什么呢？原来，在红海表层海水中繁殖着一种海藻，叫蓝绿藻。这种浮游生物死亡以后，尸体就由蓝绿色变成红褐色。大量的死亡藻漂浮在海面上，久而久之，海面就像披上了一件红色外衣，把海面打扮得红艳艳的。同时，红海东西两侧狭窄的浅海中，有不少红色的珊瑚礁，两岸的山岩也是赭红色的，它们的衬托和辉映，使海水越发呈现出红褐的颜色，加上附近沙漠广布，热风习习，红色的砂粒经常弥漫天空，掉入海水中，把红海"染"得更红了。红褐色的海水，使它赢得了"红海"的美称。

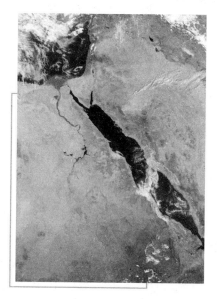

卫星拍摄的红海

◎ 黄 海

黄海位于中国大陆和朝鲜半岛之间，北起鸭绿江口，南以长江口岸向济州岛方向一线同东海分界。

黄海的海水透明度较低，水色呈浅黄色。由于黄海海水很浅，海水不能完全吸收红光、橙光和黄光，一部分被反射和散射出来。它们混合后，原本应使海水呈黄绿色。可是，因为历史上有很长一段时期，黄河曾从江苏北部携带大量泥沙流入大海。以后，虽然黄河改道流入渤海，但淮河等大小河流也带来大量泥沙，海水含沙量大，加上水层浅，盐分低，泥沙不易沉淀，把海水"染"成黄色。"黄海"也就因此而得名了。

◎ 黑 海

黑海位于欧洲东南部的巴尔干半岛和西亚的小亚细亚半岛之间，是一个典型的深入内陆的内海。黑海的北部经狭窄的刻赤海峡与亚速海相连，西南部通过土耳其海峡与地中海相通。

　　黑海的含盐度比地中海低，但是水位却比地中海高，所以，黑海表层的比较淡的海水通过土耳其海峡流向地中海，而地中海的又咸又重的海水从海峡底部流向黑海。黑海南部的水很深，下层不断接受来自地中海的深层海水，这些海水含盐多，重量大，和表层的海水上下很少对流交换，所以深层海水中缺乏氧气，好像一潭死水，并含有大量的硫化氢。由于硫化氢有毒性，使海洋中的贝类和鱼类无法在深海生存。上层海水中生物分泌的秽物和死亡后的动、植物尸体，沉到深处腐烂发臭，并使海水变成了青褐色。乘船在黑海海面上航行，从甲板向下看去，就会发现海水的颜色很深，"黑海"这个称呼也就因此而来。也有人说，因为冬天黑海有强大的风暴，两岸高耸暗黑的峭壁，加上风暴来临时的天色，人们才叫它黑海。黑海的水其实并不黑，它的黑色只是海底淤泥衬托的结果。在正常的天气里，黑海是色黑而水清。

黑海的颜色很深

◎ 白 海

　　白海位于北极圈附近，是北冰洋的边缘海。白海看上去是一片洁白。然而，它的海水与其他海水没什么两样，也是无色透明的，并不是白色的，只是白海地处高纬地区，气候寒冷，一年的结冰期长达 6 个月。由于皑皑冰雪覆盖，白色冰山的漂浮，很少见到一般海面上常见的那种汹涌澎湃的波涛，在漫长的冬季这里形成一片白色的冰雪世界。举目望去，只见海面上白雪覆盖，无边无际，光耀夺目。因此，白海也就成了名副其实的"白色的海"了。

海水发光的奥秘

什么是"海光"呢？在太平洋战争期间，发生过这样一件事：一队正驶往日本群岛作战的美国舰队，突然发现远处海面上闪动着明亮的火光，他们以为遇到了日本舰队，一阵慌乱之后，立即荷枪实弹进入了戒备状态。谁料不多一会儿，海面又恢复了平静，光亮消失得无影无踪，原来是虚惊一场。

1909 年 8 月 11 日，驶往斯里兰卡科伦坡港的"安姆布利亚号"轮船正在夜航，突然在东南方向发现一片亮光，船员雀跃欢呼，以为见到了海港闪烁的灯光。可过了不久，他们才发现那是海洋发出来的一道巨大的光带在欺骗他们。

这就是"海光"，一种海水发光现象。问题是，这种现象并不是在所有的海域里都会发生的。

海光非常迷人，有的像绚丽的礼花，有的如巨大的光柱，有的仿佛是快速旋转的闪光的风车，有的又似串串火珠组成的变幻莫测的几何图形……

那么，为什么会发生海光呢？为什么只在某些海域出现海光现象？为什么海光又呈现各种姿态呢？

基本小知识

浮 游 生 物

浮游生物生活在海洋、湖泊及河川等水域中，自身完全没有移动能力，即使有也非常弱，因而不能逆水流而动，而是浮在水面生活，这是根据其生活方式而划定的一种生态群，而不是生物种的划分概念。

科学家经过长期研究发现，海光是一些会发光的海洋生物跟人们开的小小玩笑。原来，海水中有的浮游生物有发光的本领，像夜光虫、多甲藻、沟腰鞭虫、红潮鞭虫和一些水母、鱼类等，都能在夜晚发出微弱的亮光。这些生物体内有特殊的发光细胞或器官，包含有荧光酶和荧光素，在海水搅动的影响下，可以发生氧化作用，同时发出细小的亮光。在茫茫的黑夜，这些微弱的亮光汇集起来，就形成神奇绚丽的海光。可见，发光生物的存在是海光形成的物质基础，而海水的搅动则是外部条件。科学家发现，海光与海底火山爆发引起的地震波密切相关。强大的地震波引起海水激烈振荡，使海洋生物发出亮光。所以，在振荡强弱不同的海域，可以显示千姿百态的海光。

拉丁美洲古巴岛附近的"夜明海"，就是世界上海光奇异的著名水域。那里生长着众多的海洋生物，它们死后磷质集聚，夜晚可以发出强烈的光芒。每当轮船驶过，即使是在沉沉黑夜，船舷甲板上也非常明亮，甚至可以读书看报呢！

▶ 无风不起浪

俗话说："无风不起浪。"这形象地说明了风与浪的密切关系。这种因风而引起的波浪，也称风浪。

海洋上有许多著名的风暴区，风急浪高，推波助澜，给航行带来很大困难。太平洋、南印度洋、孟加拉湾、阿拉伯海、墨西哥湾、北海以及南非好望角附近海域，都是以风浪著称的海区。

位于南半球中、高纬度的南非好望角附近海区，正处在著名的"咆哮的西风带"，在强劲的盛行西风控制下，全年约有100多天浪高都在6米以上，特大的

拓展阅读

风浪与风

风浪是风引起的波浪，风吹到海面，与海水摩擦，海水受到风的作用，随风飘荡，海面开始起伏，形成波浪。随着风速加大和吹风时间的增加，海面起伏越来越大，就形成了波浪。"无风不起浪"，指的就是风引起的波浪。

风浪大小和风力大小及风的作用时间有密切关系。南纬40°~55°洋面上，是世界著名的大浪区，海员称这一纬度为"咆哮的40°"、"疯狂的40°"，就是因为那里海面辽阔，常年吹猛烈的西风，猛烈的风暴形成巨大的海浪，是典型的风浪。

巨浪高 15 米左右，是世界上风浪最大的海区之一。过去，这里曾被称为"风暴角"，后来，才改名为"好望角"。

位于欧洲大陆与大不列颠岛之间的北海，也经常有风暴发生和巨浪出现。风暴期间，北部风浪高达 8～10 米，南部也达 6～7 米。1953 年 1 月 31 日那一次风暴，掀起十几米高的巨浪，水位比平均高潮水位高出 3.7 米，致使荷兰西海岸和英国东海岸许多地方被海水淹没，2 000 多人丧失生命。1979 年 12 月 15 日，北海海域又遭受了一次特大风暴的袭击，狂风以每小时 90 千米的速度席卷海面，掀起的巨浪高达 15 米。这次大风暴，除造成船只遇难外，还使沿岸的港口设施和居民的生命财产遭受极大地损失。

世界上最高的风浪可以超过 30 米，船只航行中遇到它是十分危险的。1956 年 4 月 2 日，前苏联考察船曾在澳大利亚东南部麦阔里岛以南 600 千米的海面上，拍摄到浪高 24.9 米的壮观的风浪照片。1933 年 1 月 6 日，美国海船"拉马波"号在菲律宾至美国西海岸的太平洋中航行时，测到的海浪高达 34 米，当时风速达每小时 126 千米，这是目前人们观测到的世界海洋中最高的风浪。

▶ 无风三尺浪

看到这个小标题，你也许会想，这不是与前面提到的"无风不起浪"自相矛盾吗？然而，这两种说法都有道理。

居住在西部印度群岛小安的列斯群岛上的居民，经常在风和日丽的时候，看见海岸边上也出现很高的波浪，有时浪高竟达 6 米以上，而且可以持续两天或更长一点的时间。他们都不明白是怎么回事。后来，经过科学家长期的观察和研究，发现这些波浪并不是当地"土生土长"的，而是

小安的列斯群岛

从大西洋遥远的中纬海区"邮递"过来的。

原来，风浪在形成过程中获得大量的能量，风停以后，波浪仍可继续向前传播，有时甚至能传到很远的无风区去。

这就是在风和日丽的条件下也能涌起巨浪的缘故。所谓"无风三尺浪"、"风停浪不停，无风浪也行"，就是这个道理。这种在风停止、减弱或转向以后所残存的波浪以及从远处传到无风海区的波浪，就叫涌浪，也称为长浪。

风浪的传播速度很快，涌浪的传播速度更快。涌浪可以日行千里，远渡重洋，传播到很远的海区去。因此，涌浪也会"跑"在风暴前头，向人们报告"风暴随后就到"的信息。在晴朗的日子里，海面上如果发现涌浪，而且浪越来越急，越来越大，就可能有强烈活动的气压中心正在向这里移近。例如，在我国的东海沿岸，当台风中心在 400 海里之外的太平洋上向海岸移动时，当地即可以观察到由台风中心传出来的涌浪。所以，在海滨广泛流传着一句谚语："无风来长浪，不久狂风降。"

你知道吗

浪的等级

　　海浪从低到高分为海浪较大、浪高涌大、海况恶劣、海浪巨大。这是习惯性用语，没有严格界限。海况等级是以海面肉眼所见状况而分的。以下是标准海况等级。其中 0～9 级分别称为无浪、微浪、小浪、轻浪、中浪、大浪、巨浪、狂浪、狂涛、怒涛。浪高超过 20 米者为暴涛，因为罕见，未成为正式等级。

前面我们讲的海浪，都发生在海洋的表面，那么，在海洋深处有没有波浪现象发生呢？海洋水是具有连续性和黏滞性的巨大水体，海面发生运动形成波浪时，波浪会向下传播。只是，由于海水深度的增加，波动的阻力也随之增大，能量逐渐消耗，波浪逐渐变小，以至全失。一般来说，波浪运动传播的深度多为 400 米左右。所以，尽管海洋表面巨浪滔天，深海仍然是一片宁静的。

在某些海域，虽然海洋表面没有波浪，但深海内部却有较强的水体波动现象，被人们称为内波。应该指出的是，这种内波与发生在海面上的波浪是根本不同的。

海 "老大"

西南太平洋上的珊瑚海，是个半封闭的边缘海。它在澳大利亚大陆东北与新几内亚岛、所罗门群岛、新赫布里底群岛、新喀里多尼亚岛之间，水域辽阔，一望无垠。

珊瑚海地处南半球低纬地带，全年水温都在 20℃ 以上，最热月水温达 28℃，是典型的热带海洋。由于几乎没有河水注入，海水很洁净，呈蓝色，透明度比较高，深水区也比较平静。碧蓝的海上镶嵌着千百个青翠的小岛，周围黄橙色的金沙环绕，岛上绿树葱茏，礁石上不时激起层层的白色浪花，在强烈的阳光照射下，显得光亮夺目。在小岛的岸边，俯瞰蔚蓝色的大海，可以看到水下淡黄、淡褐、淡绿和红色的珊瑚。美丽的珊瑚丛，有的形同蒲扇，有的宛如花枝和鹿角，有的好像一朵绽开的百合花……千姿百态，瑰丽动人。碧清的海水掩映着绚烂多彩的珊瑚岛群，呈现一派秀丽奇特的热带风光。

珊瑚海的绮丽风光

这里不仅有众多的珊瑚，还分布着由珊瑚的子子孙孙造就而成的成千上万的珊瑚岛礁。世界上最大的珊瑚暗礁群大堡礁，绵延分布在大海的西部。它长达 2 400 千米，北窄南宽，从 2 千米逐渐扩大到 150 千米，总面积达 8 万多平方千米。

在大堡礁礁石周围，遍布形形色色的海藻和软体动物以及许多色彩艳丽的其他海洋生物。碧蓝碧蓝的海水下面，是千姿百态的珊瑚虫的乐园。它们仿佛是一张巨大的彩色地毯，随着海水起伏、漂荡，五颜六色的热带鱼来往穿梭，构成一座巨大的水生博物馆，又像一座生机盎然的水中花园。

1979 年，澳大利亚政府规划，把总面积 1 万多平方千米的珊瑚岛屿与礁石群，建成世界上最大的海洋公园，供人们参观游览。旅游者可以在岛礁上的白色帐篷里休憩、娱乐，可以在滨海的金色沙滩上垂钓、散步，也可以乘坐特制的潜水器，到水下亲自观赏迷人的水下世界。

当然，在这恬静的水面下，潜伏着许多高低起伏的暗礁，也会成为各类船舶航行的严重障碍；在景色秀丽的水下世界里，还隐藏着蓑鲉、蓝点、海葵、火海胆等不少有毒的生物。除此之外，这里的确称得上是一个美丽的海上乐园。

海　葵

海葵是我国各地海滨最常见的无脊椎动物，有绿海葵、黄海葵等。

珊瑚海因广泛分布着珊瑚岛礁而闻名于世，珊瑚礁是这一海域海洋地理最突出的特征。

珊瑚海辽阔浩瀚，总面积达 479 万多平方千米。它是世界上面积最大的海，也是大海家族中的大哥哥。

➤ 海 "小弟"

亚洲西部小亚细亚半岛和欧洲东南部巴尔干半岛之间，有一个水域狭小的海，叫马尔马拉海。

马尔马拉海东北面沟通黑海的博斯普鲁斯海峡和西南面连接地中海的达达尼尔海峡，仿佛一所住宅里前庭和后院的两扇大门。因此，马尔马拉海具有完整的海域。它形如海湾，实际却是个真正的内海。马尔马拉海南北的两个海峡，好像地中海与黑海之间联系的两把大铁锁，具有十分重要的战略地位。

卫星拍摄的马尔马拉海

马尔马拉海在远古的地质时代并不存在，后来由于发生地壳变动，地层陷落下沉被海水淹没而形成。它的平均深度为 357 米，最深的地方达 1 355 米。由于马尔马拉海是陆地陷落形成的缘故，所以，虽然水域不大，但很深。海岸附近，山峦起伏，地势陡峻。原来陆地上的山峰和高地，在海上露出水面，形成许多小岛和海岬，星星点点散落在海面之上，构成一幅独特的风景画。其中较大的马尔马拉岛，面积 125 平方千米，岛上盛产花纹美丽的大理石，图案清秀，别具一格，是古代伊斯坦布尔宫殿建筑的重要材料，在现代建筑中也有许多用途。"马尔马拉"就是"大理石"的意思，这个海域也因此与岛齐名了。

马尔马拉海是地中海与黑海海水交换的通道。地中海的水温和含盐度都比黑海高，所以，地中海的海水经过两个海峡和马尔马拉海从下层流入黑海，而黑海的海水则通过这里从上层流入地中海。马尔马拉海不仅航运地位重要，而且鱼类资源丰富，是土耳其重要的产鱼区。

马尔马拉海东西长约 250 千米，南北宽约 70 千米，面积约 11 000 平方千米，是世界上面积最小的海，在大海家庭中是个最小的小老弟。

拓展阅读

建 筑

建筑是人们用土、石、木、钢、玻璃、芦苇、塑料、冰块等一切可以利用的材料建造的构筑物。建筑的本身不是目的，建筑的目的是获得建筑所形成的"空间"。

🖝 洋中之海

　　世界上的海，尽管与邻近海洋相通，但一般都是有海岸的。有趣的是，大西洋中却有一个没有海岸的海，既不与大陆相连，也不被陆地所包围，它就是萨加索海，也叫马尾藻海，人们称它为"没有海岸的海"或"洋中之海"。

　　马尾藻海在中大西洋的北部，恰好在北大西洋环流的中央。宽约 2 000 千米，长约 5 000 千米。北大西洋环流按顺时针方向旋转，同时使海水不断向海域中部堆积，形成一层 700 米厚的均匀而又温暖的"马尾藻水"。这层海水在环流影响下，也极缓慢地按顺时针方向运动。当然，马尾藻海是一个极不稳定的海区。由于组成北大西洋环流的各海流随季节和气候不断变化，马尾藻海的边界也随之而变化。

　　这里的海水像水晶一样清澈，水色深蓝而透明，透明度是世界大洋中最高的。

　　马尾藻海的海水很咸，马尾藻在这里大量繁殖并旺盛地生长着，厚厚的海藻铺在茫茫的大海上。有时，风和海流拖着海藻，形成带状的"风草列"，延伸到很远的地方，使马尾藻海仿佛是一条巨大的印着蓝色条纹的地毯。有人估计，这里的马尾藻总量为 1 500 ~ 2 000 万吨。

　　这些马尾藻绝大部分不是长在海底，而且没有传种的生殖器官。它们非常适应漂浮生活，能够直接从海水中吸收养分。

　　令人费解的是，这个海区并不是那么"肥沃"，为什么马尾藻能大量繁殖和生长？有人认为，马尾藻海的各种马尾藻是从西印度群岛附近漂来的。也有人认为，是由本海生长出来的，最早它可能来自海底的苗床，后来进化到有自由漂浮的能力，并长出幼芽，逐渐变成了新的海草。

　　马尾藻海生活着许多奇形怪状的动物，如会膨胀的刺鲀、含着马尾藻飞来飞去筑巢的飞鱼、身体细长的海龙、马林鱼、剑鱼、旗鱼以及马尾藻鱼、海蛞蝓等。长长的海龙非常有趣，它长着一个管状长嘴，嘴内无牙，混在海藻中就像海藻的分支，随着海藻有节奏地波动。与海龙有密切关系的海马，全身盖着一层骨盔板，善于伪装，白天与海藻颜色一样，晚上则变黑，看上去似爬行动物，实际也是一种鱼。

这里最奇妙的动物要算马尾藻鱼了，这是一种凶猛的小型捕食性动物。当长到 20 厘米长时，它就开始"打扮"自己。它的凹凸不平、布满白斑的身体，与马尾藻颜色一致，而且长着像马尾藻"叶子"一样的附属物。它的眼睛可以变色，胸前有一对奇妙的鳍。这对胸鳍互相配合，灵活得像

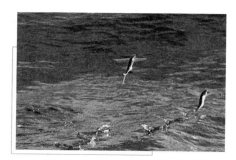

飞　鱼

手一样，能抓住海藻。在长满牙齿的大嘴上悬着一个肉疙瘩，这是它引诱小动物上钩的诱饵。如果遇到敌害攻击，它能张开大嘴向敌人猛扑，并且吞下大量海水，把身体胀得鼓鼓的，以致攻击者如不把它从嘴里吐出，就会被活活憋死。

🔍 海洋里的 "邮递员"

海洋中的海水，按一定方向有规律地从一个海区向另一个海区流动，人们把海水的这种运动称为洋流，也叫海流。

海流与河流是不一样的。海流比陆地上的河流规模大，一般长达几千千米，比长江、黄河还要长，宽度则相当于长江最宽处的几十倍甚至几百倍。

河流两岸是陆地，河水与河岸，界限分明，一目了然；而海流在茫茫大海中，海流的"两岸"依然是滔滔的海水，界限不清，难以辨认。

海洋中的这种"河流"，曾经协助过许多航海者。哥伦布的船队，就是随着大西洋的北赤道暖流西行，发现了新大陆；麦哲伦环球航行时，穿过麦哲

伦海峡后，也是沿着秘鲁寒流北上，再随着太平洋的南赤道暖流西行，横渡了辽阔的太平洋。

海洋中的这种"河流"，还可以为人们传递信息。航行在海洋上的船员，有时把装有各种文字记录的瓶子投进海洋，就好像陆地上的人们把信件投入绿色的邮筒一样。这种奇异的"瓶邮"，为人类认识洋流、传送情报作出过重大贡献，也发生过许多非常有趣的故事。

1956 年的一天，美国的一个名叫道格拉斯的年轻人，从佛罗里达州的海港驾着游艇驶向大海，打算在海上玩个痛快。他的妻子则在家里准备了一顿丰盛的晚餐，等待着他的归来。可是，他这一去便杳无踪影，尽管海岸自卫队出海反复搜寻，也没有发现任何线索。

海洋"邮递员"送的漂流瓶

两年后，美国佛罗里达州的有关部门突然收到一封来自澳大利亚的来信。打开一看，里面有一封信和一张没有填上数字的银行支票，支票上的签名正是失踪的道格拉斯。支票上的附言写道："任何人发现这张字条，请将此支票连同我的遗嘱寄往美国佛罗里达州迈阿密海滩我的妻子雅丽达·道格拉斯收。由于引擎出故障，我被吹向了远海。"信上说，支票和附言是在澳大利亚悉尼市北部的阿伏加海滩上一个封紧的果酱瓶子里发现的。

基本小知识

支　票

支票是出票人签发，委托办理支票存款业务的银行或者其他金融机构在见票时无条件支付确定的金额给收款人或持票人的票据。

美国的佛罗里达海岸距离澳大利亚的悉尼，大约有 4.8 万千米。小小的果酱瓶，横渡辽阔的大西洋漂到非洲，再横渡印度洋进入太平洋，最后来到遥远的澳大利亚海滨。

再看下面这个故事。

1980 年，我国海洋科学工作者去南太平洋进行了一次科学考察。返航途中，横渡赤道时，考察船上有一位科学工作者，突然想起人们在海上用瓶子传递信息的事，便急忙给妻子写了一封信。

他把写好的信装进信封，写上地址，然后把信装进一个啤酒瓶内，用白蜡密封，在考察船穿过赤道的时候投入茫茫的大海。

两个多月后，他返回了祖国。除茶余饭后的话题之外，他没把投瓶的事放在心上。不料有一天，他突然收到来自巴布亚新几内亚的一封来信，打开一看，

你知道吗

赤 道

通过地球中心划一个与地轴成直角相交的平面，在地球表面相应出现一个和地球的两极距离相等的假想圆圈，这就是赤道。赤道的纬度是 0°。

是一位有中国血统的先生寄来的。信中除了有那封家书外，还附有一封热情洋溢的书信。信中不仅讲明了拾到家书的时间、地点和过程，还提到他与祖国的血肉关系，并希望今后加强联系。

不言而喻，这两个故事中的邮递员，都是前面我们提到的洋流。不过，洋流邮递只是人们在万般无奈的情况下的一种碰运气的举动，实际上是靠不住的。

⏵ 可怕的海啸

当我们盛赞"大海是个聚宝盆"、"大海是个药材库"的时候，切莫忘了，大海发起狂来也很可怕，比如说海啸。海啸是一种特殊的海浪，是由火山、地震或风暴引起的一种海浪。海啸波，在大洋中不会妨碍船只的正常航行，但近岸时却能量集中，具有极大的破坏力。

　　由海底或海边地震，以及火山爆发所形成的巨浪，叫地震海啸。通常在6.5级以上的地震，震源深度小于50千米时，才能发生破坏性的地震海啸。产生灾难性的海啸，震级则要有7.8级以上。世界上有记载的由大地震引起的海啸，80%以上发生在太平洋地区。在环太平洋地震带的太平洋西北部海域，更是发生地震海啸的集中区域。

　　海啸主要分布在日本环太平洋沿岸，太平洋的西部、南部和西南部、夏威夷群岛，中南美和北美沿岸等地。世界上最常遭受海啸袭击的国家和地区，主要有日本、印度尼西亚、智利、秘鲁、夏威夷群岛、阿留申群岛、墨西哥、加勒比海地区、地中海地区等。虽然我国是一个多地震的国家，但发生海啸的次数并不多。

　　1883年，在东南亚的巽他海峡中，由于喀拉喀托火山喷发，产生了一次极强的海啸，掀起的巨浪高达35米，使印度尼西亚岛屿沿岸遭到严重破坏，同时毁坏了巽他海峡两岸的1 000多个村庄。巨浪迅速在大洋中传播，急速穿过印度洋，绕过非洲南端的好望角进入大西洋，仅32个小时就传到英国和法国的沿海地带，其距离大约相当于地球圆周一半的路程。这次海啸，也使东印度群岛遭到惨重的损失。

知识小链接

地　震

　　地震是地壳在内、外力的作用下，集聚的构造应力突然释放，产生震动弹性波，从震源向四周传播引起的地面颤动。

　　1946年4月1日凌晨，夏威夷群岛万籁俱寂，熟睡的人们正在享受美梦的甜润。突然，海水奔腾咆哮地猛冲上来，使海岸边较高的地方也被海水吞没，几分钟后海水又迅猛地溃退而去，以至平时不见天日的海底珊瑚礁也露了出来，成片来不及逃走的鱼儿搁浅在海滩上乱蹦乱跳；15分钟后，海水以比第一次更凶猛的势头再一次猛扑上岸，人们清楚地看到一堵高大直立的"水墙"迅速地向前推进。如此来回数次，三个小时后，海面才恢复了平静。

海　啸

这次海啸给夏威夷带来沉重的灾难，使 163 人死亡，大批房屋倒塌，海水深入内陆 1 千米以上，海港中停泊的一艘 17 000 吨海轮被抛到岸上，一块重约 13 吨的石头被抛到 20 米以上的高空。估计经济损失达 2 500 万美元。这次海啸是相距数千千米的阿留申海域海底地震爆发引起的，海啸波每小时推进约 820 千米，到群岛沿岸浪高达 8 米。

1960 年 5 月，南美洲智利沿海海底爆发了多次强烈的地震，从而引起了一次震惊世界的海啸。这次海啸，在智利沿岸抛起 10 米高的波浪，使南部 320 千米长的海岸遭难。海啸还以每小时 700 千米的惊人速度，用不到一天的时间传到太平洋的西岸，致使日本群岛的东海岸沿岸遭受到严重破坏。在海啸浪涛的袭击下，共有 1 000 多户房屋被卷走，2 万公顷土地被淹没，有的海船被掀到了岸上。

有的海啸是由台风、强低压、强寒潮或其他风暴引起的，称为风暴海啸。在世界大洋中，印度洋的孟加拉湾沿岸，是世界上风暴海啸危害最严重的地区。例如，1970 年 11 月 12 日，印度洋上的飓风袭击了孟加拉湾沿岸，席卷了整个哈提亚岛，波浪高达 20 米，夷平了很多村落，50 多万头牲畜被海水溺死，并使 30 万余人丧生，100 万人无家可归。

拓展阅读

海啸预警系统

地震能引发海啸，因此海啸的预警信息要由地震监测系统提供。在全球地震多发地带如太平洋沿岸、印度洋沿岸都应该有完善的地震监测网络。

目前，人们发现的世界上最高的海啸，是在美国阿拉斯加州东南的瓦尔迪兹海面上由地震引起的海啸，浪高达 67 米，大约相当于 20 层楼之高！

◪ 名不副实的 "海"

伏尔加河是里海最重要的补给水源

世界上有一些水域很有意思，它们虽然叫海，却名实不符。例如里海、死海、咸海等就是这样的水域。

里海位于亚、欧两洲之间，南面和西南面被厄尔布尔士山脉和高加索山脉所环抱，其他几面是低平的平原和低地。它的东、西、北三面湖岸属俄罗斯，南岸在伊朗境内。里海南北狭长，形状略似 "S" 形，南北长约 1 200 千米，东西平均宽约 320 千米，湖岸线长约 7 000 千米，面积 37 100 平方千米，湖水总容积为 76 000 立方千米，是世界上面积最大的湖泊。

基本小知识

伏尔加河

伏尔加河位于俄罗斯西南部，全长 3 690 千米，是欧洲最长的河流，也是世界最长的内流河，流入里海。伏尔加河在俄罗斯的国民经济中和人民的生活中起着非常重要的作用。因而，俄罗斯人将伏尔加河称为 "母亲河"。

里海的水源补给，来自伏尔加河、乌拉尔河以及地下水和大气降水。其中伏尔加河水带来水量的 70% 左右，是里海最重要的补给来源。里海位于荒漠和半荒漠环境之中，气候干旱，蒸发非常强烈。而且进得少，出得多，湖水水面逐年下降。较之往年，现在湖的面积大大缩小了。

因为水分大量蒸发，盐分逐年积累，湖水也越来越咸。由于北部湖水较浅，又有伏尔加河等大量淡水注入，所以北部湖水含盐度低，而南部含盐度是北部的数十倍。里海地区石油资源丰富，西岸的巴库和东岸的曼格什拉克半岛地区以及里海的湖底，是俄罗斯重要的石油产区。里海南岸的厄尔布尔士山麓地带也蕴藏有石油和天然气。里海湖底的石油生产，已扩展到离岸数十千米的水域。里海物产资源丰富，既有鲟鱼、鲑鱼、银汗鱼等各种鱼类繁衍，也有海豹等海兽栖息。里海含盐量高，盛产食盐和芒硝。

里海是一个地地道道的内陆湖。那么，又为什么被称为"海"呢？原来，里海水域辽阔，烟波浩渺，一望无垠，经常出现狂风恶浪，犹如大海翻滚的波涛。同时，里海的水是咸的，有许多水生动、植物也和海洋生物差不多。另外，里海与咸海、地中海、黑海、亚速海等，原来都是古地中海的一部分，经过海陆演变，古地中海逐渐缩小，这些水域也多次改变它们的轮廓、面积和深度。所以，今天的里海是古地中海残存的一部分，地理学上称为海迹湖。

拓展阅读

阿拉伯半岛

阿拉伯半岛位于亚洲和非洲之间，它从中东向东南方伸入印度洋，是世界上最大的半岛。向西它与非洲的边界是苏伊士运河、红海和曼德海峡，向南它伸入阿拉伯海和印度洋，向东它与伊朗隔波斯湾和阿曼湾相望。沙特阿拉伯、也门、阿曼、阿拉伯联合酋长国、卡塔尔和科威特、约旦、伊拉克领土的一部分位于阿拉伯半岛上。

于是，人们就把这个世界上最大的湖，称为"里海"了。其实，它并不是真正的海。

位于西亚阿拉伯半岛上的死海，南北长 82 千米，东西最宽 18 千米，面积 1 000 多平方千米。死海位于深陷的盆地之中，湖底最低的地方，低于海平面 790 多米，是世界大陆上的最低点。死海含盐度比一般海水要高 7 倍左右。死海的含盐度为什么这么高呢？这与它所在地区的地理环境密切相关。死海的东西两岸都是峭壁悬崖，只有约旦河等几条河流注入，没有出口。附近分布着荒漠、砂岩和石灰岩层，河流夹带着矿物质流入死海。这里气候炎热，干燥少雨，蒸发强烈，年深日久，湖中积累

高含盐量使死海周围寸草不生

了大量盐分，就成了特咸的咸水湖了。如果用一个杯子盛满死海水，等完全蒸发后，就会留下 1/4 杯的雪白的盐分和其他矿物质凝结物。

因为湖水太咸，把鱼放入水中就会立即死亡。它的岸边也是岩石裸露，一片光秃，没有树木，寸草不生，故称死海。不过，死海并非绝对的"死"，人们在这里还发现有绿藻和一些细菌。

死海是一个大宝库，那里蕴藏着丰富的溴、碘、氯等化学元素，据估计，死海中含氯化镁 220 亿吨，氯化钠 120 亿吨，氯化钙 60 亿吨，氯化钾 20 亿吨，溴化镁 10 亿吨。

死海上空的阳光

太阳在一年里几乎每一天都照射着死海。由于该地区在海平面之下，因此阳光要穿过特别厚的大气层。这样就阻挡了部分紫外线，人们可以在这里放心地长时间晒太阳。

死海有个邻居，就是地中海。地中海是个名副其实的海，而死海实际上是个被陆地包围的内陆湖，只不过有一个"海"的雅号罢了。

岛屿及其他

　　岛屿是指四面环水并在高潮时高于水面的自然形成的陆地区域。

　　中国是一个有着众多岛屿的国家，在中国沿海分布着面积大于 500 平方米的大小岛屿 6 000 多个，总面积约为 72 800 多平方千米。这些岛屿星星点点地分布在我国东南的海岸线上，构成了一抹亮丽的风景。

　　在众多的岛屿中，有许多奇特的个体存在。有被猴子霸占的岛屿；蜥蜴成对的岛屿；海豹独居的岛屿；海龟盘踞的岛屿等。

猴岛上的猴子王国

"岛"是水中的山，山水交融的地理条件，造成了岛的特有自然生态环境。海南省陵水县的南湾半岛，三面碧波环绕，一面青山依傍，面积大约538公顷。在这得天独厚的自然环境中，栖息着15群约800只猕猴。其中人工驯养的有3群，俗称东群、西群和石头山群。南湾半岛被划为猕猴保护区，定为旅游点后，吸引着各地游客，人们就把它称为猴岛。

猴岛上的猴子

开饭时间，饲养员把大米和番薯丝撒在地上，然后掏出一种特制哨子，用劲吹起来，并接连高喊几声。霎时，寂静的山林喧腾起来，树丛中猴子争先恐后地飞攀纵跃，吱吱喳喳，此呼彼喊。不一会，这个猴子家族的四五十只大大小小的猴子，便集拢到食场。首先出现在一块大石头上的是一只大公猴，身高体壮，全身金黄，屁股鲜红，目光炯炯，警觉地扫视着四周，这便是东群猴王。当猴王确认平安无事了，才神气十足地发出开饭的呼唤声。众猴闻讯，闪电般地扑向食场，有的大把大把地抓东西往嘴里

趣味点击

猴的寓意

由于猴与侯谐音，在许多图画中，猴的形象表示封侯的意思。如一只猴子爬在枫树上挂印，取"封侯挂印"之意；一只猴子骑在马背上，取"马上封侯"之意；两只猴子坐在一棵松树上，或一只猴子骑在另一只猴的背上，取"辈辈封侯"之意。猴是十二属相之一，排在第九位。

送，有的四肢贴地伸长嘴巴抢吃，为了争食物，大猴咬小猴，把小猴咬得吱吱叫。还有的母猴一手抱崽，一手抓吃，从容镇定，丝毫不受公猴的干涉。

猴子喜爱群居，由一只威武雄壮的猴王统率在固定的地盘内过着小部落家族式的生活，猴群之间的边界是神圣不可侵犯的。据了解，在东群的食场，曾发生过因西群猴入侵而引起的"百猴大战"。

开战时，王对王，将对将，兵对兵，追逐厮打，滚作一团。有的被打得头破血流，"呼呼！啊啊！咩咩！"的吼叫声和求救声响彻山林。

由于西群猴王年轻凶猛，东群猴王被打得招架不住，只好边打边退。西群猴王穷追不放，正当危急之时，突然从东群中杀出几员大将，奋不顾身地围攻西群猴王，东群猴王见有了援兵，便反扑过来。西群猴王四面受敌，孤独无援，被打得狼狈不堪，只好突围逃回西坡。

在猴子王国里，最残酷的斗争要算是猴王争位。每个猴子部落里都有一只猴王，大的猴群还设有副王和三王。

➤ 蜥蜴成堆的蜥蜴岛

众所周知，在我国旅顺口外有一个蛇岛，以盛产蝮蛇而闻名。无独有偶，最近发现在非洲塞舌尔群岛中的库辛岛上，由于得天独厚的条件，竟然使蜥蜴成堆，从而引起了动物学家的极大兴趣。

蜥蜴在世界上许多地方都有分布，而以热带小岛密度为高。在弹丸小岛——库辛岛上，蜥蜴基本上可分为

库辛岛上到处都是蜥蜴

两个种群，总计大约 4 万余条，因此，倘若将库辛岛称为蜥蜴岛，那是一点也不过分的。

那么，是什么原因使蜥蜴在库辛岛上如此兴旺呢？原来，在塞舌尔群岛上筑巢的海鸟很多，其中库辛岛上的树丛中栖居着大量的黑燕鸥。黑燕鸥的体型很小，但由于数量多，每年排泄的粪便可达20多吨，再加上黑燕鸥叼食途中不慎失落的大量鲜鱼及由鸟巢中滑落出的许多鸟蛋，给蜥蜴提供了充足的食料。库辛岛上的蜥蜴目前全年总需食量约为11吨。用上述3种食物来维持蜥蜴的生计，那是绰绰有余的。于是，岛上的蜥蜴全都长得膘肥体壮，仅仅凭借它们体内贮藏的大量脂肪，就能挨饿百日而不毙。岛上的蜥蜴每年也有一段时间会换换胃口，这时，它们不再吃鸟粪、鸟蛋和小鱼，仅以热带丛林中的野果为食。

拓展阅读

变色蜥蜴

蜥蜴的变色能力很强，特别是避役类，以其伏尔泰以上善于变色获得"变色龙"的美名。我国的树蜥与龙蜥多数也有变色能力，其中变色树蜥在阳光照射的干燥地方通身颜色变浅而头颈部发红，当转入阴湿地方后，红色逐渐消失，通身颜色逐渐变暗。蜥蜴的变色是一种非随意的生理行为变化。它与光照的强弱、温度的改变、动物本身的兴奋程度以及个体的健康状况等有关。

库辛岛上的蜥蜴王国也有着它们的难处。由于岛上蜥蜴的密度太大，同类相残的现象极为严重。据考察，越是鸟巢密集的树下，前来就食的蜥蜴就越拥挤，从而使一些幼蜥被挤死，造成存活率降低。至于在那些鸟巢较稀少的林区，相对有利于幼蜥的生长发育，存活率则较高。但成年大蜥蜴却因食源不足而受到饥饿的威胁。如何两全其美，是当前库辛岛上蜥蜴王国的主要矛盾，有待于科学家探索解决。

海豹王国

麦阔里岛属澳大利亚领土，在澳洲大陆东南1 770千米处，是澳大利亚南极探险队的基地。岛长 34 千米，宽 4 千米，面积 100 多平方千米，寒冷而荒凉，植被稀少，是南极海豹的聚居地，已被澳大利亚政府划为国家公园，严禁捕猎。

海豹与海象、海狗同属鳍足目，共 30 多种，大部分生活在北极地区，仅有几种海豹生活在南极，麦阔里岛就是威德尔海豹的主要繁殖地。这种

南极海豹

海豹体长 2～3 米，身披硬毛，四肢变成桨状的鳍脚，后肢向后成为主要游泳器官，肥胖，呆头呆脑，见人不害怕，任人在身上安装监测仪器也不在乎。

南极冬季极夜（冬半年全是黑夜），它就躲在冰下避寒，用尖牙钻个小洞作呼吸孔，以鱼虾为食。

知识小链接

极夜

极夜又称永夜，是在地球的两极地区，一日之内，太阳都在地平线以下的现象，即夜长超过 24 小时。北极和南极都有极昼和极夜之分，一年内大致连续六个月出现极昼，六个月出现极夜。在一个月的极夜时期里，有 15 天可见月亮（圆、缺），另外 15 天见不到月亮。

夏季转暖了，海豹并不呆在南极洲，而是游往更暖和的北方，到麦阔里岛寻找配偶，开始一年一度的交配活动。全岛可聚集大海豹 1 万头以上，几百头雌海豹围绕一头雄海豹为一群，集结在各自的领地内。另外一些战败的雄海豹在远处闲荡，等待时机再战。

每年夏季，雄海豹先行登陆，占领阵地。滩头上成了厮杀的战场。东一场，西一场，各以尾巴撑着身子，用锐利的牙齿咬对方，滚成一团，直到鲜血淋淋，一方败退而止。这就意味着，每个战场是胜者的疆土，域内的四五百头雌海豹都成了它的后妃。之后几个月，各国"国王"的任务就是同妻妾谈情说爱，交配，迎击入侵者。败者并不远走，在旁养伤，一见有机可乘，便又闯入雌海豹群中，与雄海豹进行一场恶斗，很可能领土易主，老"国王"被逐走。你只要细心观察成年雄海豹的身躯，便会明白血战的残酷性。几乎找不到一头五官端正的雄海豹，每一头都是浑身疤痕，缺鼻残眼。

雌海豹孕期10个月，春季在冰面生产，一般两年一仔，初生仔的体重就有20～30千克，两周内增重一倍，三周下水，七周离开母亲，一年身长2米，三年性成熟。

➡ 极乐鸟之乡

伊里安岛又称新几内亚岛或巴布亚岛，为世界第二大岛，地理上属大洋洲范围，位于澳大利亚之北、赤道线之南。

这里是极乐鸟之乡。极乐鸟是世界上最美的鸟。据统计，它有20属40种，最大的身长120厘米，最小的仅17厘米。除澳大利亚东岸和印度尼西亚个别岛屿有少量分布外，全部都在伊里安岛。它的名字可动听了！它还有天堂鸟、凤鸟、太阳鸟、雾鸟、神鸟等别称。巴布亚新几内亚独立国把极乐鸟立为国鸟，绘在国旗国徽上，作为国家的象征。岛民狂欢时，头插鸟羽，身围草裙，扮成极乐鸟的样子，跳起极乐鸟舞。

极乐鸟有多美呢？一种叫"无足

极乐鸟

极乐鸟"的雄鸟。身长 60 多厘米，头羽金黄，颔部有一片耀眼的黄绿羽毛，腹部葡萄红色，脊背和尾巴栗色，翼下有一大簇金橘色的绒羽。舞蹈时，绒羽竖立，如喷泉金光四射。

王极乐鸟身长 20 多厘米，火红色的头，项下有碧玉色的环，尾羽饰着两条细绒。每群王极乐鸟都有一个王，全群听它指挥；当其身死时，全群围在四周哀悼，发出小猫咪咪叫的凄鸣。它们从来不与别种极乐鸟混杂，但逢异族乔迁之喜，也欣然相助，高高飞在前面带路，俨如王者。

蓝极乐鸟周身覆以蓝色羽毛，下腹有两道红色的羽边。雄鸟随着鸣声抖散全身美丽的羽毛，倒挂在树枝上，向异性求爱。镰喙极乐鸟栖于海拔 2 000米以上的山巅，长着 10 厘米长的镰刀似的喙；张嘴引吭高歌，响彻森林。雄鸟长着正副两对翅膀，副翅膀只在逗诱异性时才亮出来。那时，它会从百米高的天空突然直线下降，如一片落叶飘然落地，快贴近地面的一刹那又振翅奋起，直冲云霄。这精彩的"表演"都是为了追求恋人，争取雌鸟随它双宿双飞。

早在一千多年前，随着中国和印度尼西亚的友好往来，已有极乐鸟传到中国宫廷。1522 年，麦哲伦船队向西班牙国王进献了两张极乐鸟皮羽。极端美丽的鸟羽，大开了欧洲人的眼界，贵族妇女纷纷求索作为头饰。于是，殖民者到伊里安岛大肆捕杀，砍足剥皮处理后，运回欧洲出售。据说价同黄金，插上几支鸟毛比佩戴钻石项链更神气。人们没有看到活鸟，认为这种鸟天生无足，以露水为生，永远飞在天上。1758 年，法国的《自然分类系统》就把它定名为"无足极乐鸟"，以讹传讹，沿用至今。

由于滥捕，世界各地动物园已极少见到这种鸟。

基本小知识

麦 哲 伦

斐迪南·麦哲伦，葡萄牙人，为西班牙政府效力探险。1519 ~ 1521 年率领船队首次环航地球，死于菲律宾的部族冲突中。虽然他没有亲自环球，但他船上的水手在他死后继续向西航行，回到欧洲。

孤岛上的袋獾园

澳大利亚东南的塔斯马尼亚岛人迹罕至，在那里袋獾被称为"塔斯马尼亚恶魔"。目前，在这个孤岛上，灌木林中已无法观察到"恶魔"的生活习性和捕杀本领了，因为这种野兽在岛上的数量并不多，早些年已被"文明"的人类消灭得差不多了。如果你想跑到丛林中去等待它，那无疑是"守株待兔"，不知何年何月才能看得到。

塔斯马尼亚岛

后来，这里建立起一个"塔斯马尼亚袋獾园"，如果你去那里走一遭，到这个国家保护园中去还能看到这种"丑兽"。

"塔斯马尼亚袋獾园"是一个周围约 100 平方千米的袋獾保护区，四周都由铁丝网围着。进门不远，考察者看到在一片围有铁栅栏的斜坡上有一对袋獾，它们不声不响地蹲伏在一棵大树底下，用一种邪恶而凶狠的目光瞪视着周围的参观者，很远就能闻到它们身上散发出来的一股恶臭味。

粗粗一看，袋獾有些像幼熊

广角镜

袋獾与当地文化

袋獾在澳大利亚是标志性的动物。塔斯马尼亚的国家公园、野生动物机构均以袋獾为标志，而其澳式足球联赛代表队不仅以袋獾为标志，甚至取名为"塔斯马尼亚恶魔队"。已解散的荷巴特篮球队亦称作"恶魔队"。袋獾也是六种在 1989～1994 年发行的二百澳元纪念硬币上出现的本土动物之一。对本土和外地的游客而言，袋獾都是非常受欢迎的。

或小狼，它们身躯矮胖，满身都长着漆黑的粗毛，胸部和臀部还夹杂着些许白色斑点。然而凑近仔细一看，才发觉它们什么都不像，几乎是集丑陋之大成，把几种动物最丑的部分都集中到了自己身上。

长大的雄性袋獾身长约 1 米，重 10 千克左右，雌性的稍小。它们的头又阔又大，还长着一对血盆大口，口中的牙齿有 42 颗之多（猫只有 30 颗）。它是一种很灵敏的动物，稍一受惊就会摆出一副张牙舞爪的姿势。袋獾的耳朵特别大，可眼睛却小得可怜。它的下颌长着一小撮粗糙的胡须，身躯肥胖，四条腿长得很短，因此，跑路

袋　獾

时总是有些东倒西歪的样子。

　　袋獾是一种非常懒惰和残忍的动物，在一般情况下，它是以吃腐尸为生的，可是如果有些不知好歹的动物送上门来的话，它也会对它们发动突然袭击的。它的牙齿很厉害，能把牛羊的骨头、皮、角和蹄等一股脑儿都吞下去。有时，它们会三五成群地出来觅食，每当发现了一具腐尸，它们便会相互厮杀起来，食物还没有到口，彼此间已咬得不可开交了。

你知道吗

育儿袋

　　育儿袋为有袋类雌性腹部由皮肤皱褶所形成的囊，内有数个乳头，此囊称为育儿袋，靠耻骨前方的所谓袋骨来支撑。胎儿在发育早期就移入育儿袋内，在袋内口含乳头继续发育。

　　袋獾之所以成为澳大利亚的珍贵动物，主要就在于它的腹部长了两个浅浅的育儿袋。由于育儿袋浅，袋中的小袋獾长大后，便常常掉出袋外来，而雌袋獾是一种"出袋不认账"的动物，小袋獾一掉下来，她就会迫不及

待地把它们吃掉。所以，袋獾的生殖能力虽强，可是幼仔生存下来的机会却极少。

海龟世家

留尼汪岛是南印度洋的一个火山岛，介于马达加斯加岛和毛里求斯岛之间，面积2 512平方千米，人口50万，是法国的"海外省"。岛上高山耸立，峭壁突兀，峡谷纵横，森林茂密，飞瀑流泉。最高峰雪峰，海拔3 069米；山顶不断喷发火焰，将皑皑的雪帽溶化；山下烈日炎炎，年平均温度达23℃。由于高山挡住南来湿润气团，全年雨量约4 000毫米。

这里是世界最大的产龟地和第一个人工饲养海龟的地方。本岛北岸的小珊瑚礁欧罗巴岛、特罗梅林岛，就是世界最著名的海龟产卵繁殖地。每到繁殖期的夜晚，成千上万海龟从远洋回归故土，爬上沙滩，费半小时之久，用后脚刨出1米深的沙坑，伏在里面下蛋。产程数小时，共下蛋40～100枚，一个个如乒乓球大小。产后将沙坑填平，作好伪装，蹒跚爬回大海。龟蛋借助阳光的热力，在沙中60～80天便可孵出小龟，它们十分灵巧，纷纷爬到海中。据渔民说，此时母龟也回来接应，各自把儿女带走。

仅据欧罗巴岛的统计，1979年就孵出小海龟约500万只！过去，一些岛民以拾龟蛋来维持生计。1940年，这两个小岛被宣布为海龟保护区，禁止拾蛋捕龟。人们开始筹划既能保护资源，又

留尼汪岛风光

能发财致富的办法。1979年创办了圣勒海龟场，造了30个各100平方米大的水泥池，从小岛上收集小龟来饲养。每池投养1 500只，一只半两重的小

龟一年半后就能长到 30 ~ 50 千克，最后可达 200 ~ 300 千克。不到 2 千克的饲料可以长肉 1 千克，非常合算。海龟的瘦肉味美，软骨可作油炸名菜，油、皮、甲壳都是宝，通过制罐头、冷冻、烘干等办法成为出口商品，源源不断地输往各地市场。

基本小知识 🖱️

烘　干

烘干是指用某种方式去除溶剂保留固体含量的工艺过程。通常是指通入热空气将物料中水分蒸发并带走的过程。

海龟有返回故土繁殖的习性。不管它们去到什么海域，性成熟之后必然要游回出生地产卵。因此，保护产卵地的龟岛，就等于保护了海龟资源。目前世界每年捕杀海龟 100 万只以上，捡拾龟蛋不计其数。国际舆论不断呼吁人们停止捕龟毁蛋。看来，将龟岛划为保护区，人工饲养海龟生利，是两全其美的好办法。

海　龟

▸ 会动的岛

在加拿大东南的大西洋中，有个叫塞布尔的岛，能像人一样"旅行"，不断移动位置，而且速度很快。每当洋面大风发作，它就会像帆船一样乘风前进。该岛呈月牙形，东西长 40 千米，南北宽 1.6 千米，面积约 80 平方千米。近年来，小岛已经背离大陆方向向东"旅行"了 20 千米，平均每年移动达 100 米。塞布尔岛还是世界上最危险的"沉船之岛"。历史上在这里沉没的海船达 500 多艘。因此，这里的海域被人们称为"大西洋的墓地"、"毁船的屠刀"、"魔影的鬼岛"等，令人望而生畏。

在南半球的南极海域，也有一个"旅行岛"，叫布维岛。这个面积 58 平方千米的小岛，不受风浪影响，能自动行走。1793 年，法国探险家布维第一个发现此岛，并测定了它的准确位置。谁知，经过 100 多年，当挪威考察队再登上此岛时，它的位置竟西移了 2.5 千米。究竟是什么力量促使它"离家出走"的呢？目前尚不得而知。

在太平洋中，有一个神奇小岛，能分能合。到一定时候，它就会自行分离成两个小岛，再过一定时间，它又会自动连接起来，合成原来模样。其分合时间没有规律，少则一两天，多则三四天。分开时，两部分相距 4米左右，合拢时两部分又严密无缝，成为一个整体。科学家们认为，这个小岛早已断裂，地理位置又很不固定，经常迁移，因此产生了这种时分时合的怪异现象。

知识小链接

海 岸 线

海岸线是陆地与海洋的交界线。一般分为岛屿海岸线和大陆海岸线。它是发展优良港口的先天条件。曲折的海岸线极有利于发展海上交通运输。

北冰洋中的斯匹次卑尔根群岛是一群沉浮岛，它们有时候沉入水中，不见一点踪影，有时候又高高露出水面。波兰的科学家们在考察中发现群岛上有几千年前海岸线的遗迹，它们处于海拔 100 米的高处；同时发现了群岛沉没的痕迹。波兰科学家经过研究认为，斯匹次卑尔根群岛的垂直运动可能不是始终如一的，很可能是大冰川期，沉重的冰帽将群岛"压"到了海洋深处，水暖冰化时，群岛便开始浮升到洋面上来了。

1831 年 7 月 10 日，位于南太平洋的汤加王国西部海域中，由于海底火山爆发而突然出了一个奇异的小岛。随着火山的不断喷发，逐渐形成一座高 60多米、方圆近 5 千米的岛屿。然而，仅仅过了几个月，人们正在谈论它，并有所打算时，该岛却像幽灵一样消失了。但是过了几年，当人们对它已经忘得一干二净时，它却又神秘地出现了。据史料记载，1890 年，它高出海面 49 米；1898 年，它沉入水下 7 米；1967 年 12 月，它又冒出海面；1968 年再次沉入水中。就这样，它多次出现，多次消失。1979 年 6 月，该岛又从海上"长"了出来。据科学家们预测，如果今后火山不再喷发，该岛仍然可能沉没、消失。由于该岛时隐时现，神秘莫测，人们称之为"幽灵岛"。

◖◗ 富饶的西沙群岛

西沙群岛风光

西沙群岛位于南海中，是南海诸岛的一组群岛，包括永乐群岛、宣德群岛、珊瑚岛、赵术岛、甘泉岛、永兴岛、东岛、中建岛等，隶属于海南省。它处于太平洋和印度洋之间的交通咽喉，又是我国南疆的海防前哨。

西沙群岛一带，海水呈现出种种颜色，有深蓝的、淡青的、绿的、淡绿的、橘黄的，一块块、一条条地交错着，五光十色，瑰丽无比。因为海底和陆地表面形态一样，有高耸的山崖，也有低陷的峡谷，所以海水有深有浅，从海面上看，色彩也就不同了。

西沙群岛，海水清澈，能见度格外好：在一块块假山一样的礁盘上，生长着五光十色的珊瑚，像花朵，像鹿角，像青松，像竹笋，像蘑菇，玲珑剔透，姿态各异。还有各种各样的鱼类在珊瑚丛中嬉戏、追逐，有的身上长着彩色的条纹，有的头上长着一簇红缨，有的周身像插上好些扇子，游动时飘飘摇摇，好看极了，有的眼睛圆溜溜的，身上长满刺儿，它鼓起气来，像皮球一样圆。各种各样的鱼类，多得数不清。正像人们说的那样，西沙群岛的海里，一半是水，一半是鱼。

这里有许多珍贵的海产。有龙虾，有海参，还有许多好看的贝壳，大的、小的，颜色不一，形状多样，真是千奇百怪，无所不有。那呈灯笼状的叫"灯笼贝"，那像兔子似的叫"兔子贝"，还有什么"梅花贝"、"眼珠贝"、"珍珠贝"……

传说古代有群仙女，见西沙群岛的景色这样美，眼馋了，常常在夜里带着星星来游玩。

待到天亮她们匆忙赶回天上时，便把许多星星落在小岛上，这些星星后来就成了一个个斑斓多彩的贝壳……

彩贝中最好看的是虎斑贝。它光洁晶莹，釉质般的螺层上布满了金灿灿的像老虎身上斑纹似的斑点。还有一种特大的海贝，连壳带肉有约 0.5 千克重，劈开它的壳，可以做两个浴盆。

你知道吗

龙　虾

龙虾是节肢动物门甲壳纲十足目龙虾科 4 个属 19 种龙虾的通称。又名大虾、龙头虾、虾魁、海虾等。它头胸部较粗大，外壳坚硬，色彩斑斓，腹部短小，体长一般在 20～40 厘米，重 0.5 千克上下，是虾类中最大的一类。

每年四五月间大量的海龟爬到沙滩上来产卵；大海龟有的足足有圆桌那么大。渔业工人把海龟翻一个身，它就四脚朝天，寸步难行了。海龟肉可以食用，味道鲜美，壳、甲、掌、血、油、肝是名贵的药材。

西沙群岛位于北回归线以南，终年高温，长夏无冬，年平均气温 26℃ 左右。因地处热带海洋，常有台风袭击，雨量充沛，降水一般在 1 500 毫米左右。终年高温多雨，一年四季生长着繁茂浓郁的树木，这些热带丛林还是海鸟的天堂。白天千万只海鸟飞到海面上捕捉鱼虾；晚上，它们从四面八方飞回海岛栖息。天长日久，岛上留下厚厚的鸟粪。鸟粪是最好的天然肥料。此外，这里遍地都是海鸟蛋。

🐛 蝴蝶沟

蝴蝶沟里蝴蝶成群

在中国新疆福海县阿尔泰山中，有一个鲜为人知的蝴蝶王国——蝴蝶沟。其地域之广，蝴蝶之多，比起云南大理的蝴蝶泉来，真可谓有过之而无不及。这条沟长 60 千米，呈南北走向，海拔 1 400 米左右，四周为群山峻岭环抱。

每年 6 ~ 9 月，百花盛开，整条沟云蒸霞蔚，花团锦簇。由于各种花期交替出现，往往今天路过的地方还是金晃晃的一片，翌晨旧地重游，则会变成红彤彤一片、蓝晶晶一片、白皑皑一片……刚来这里的人，常常会因此迷路。

顺着山径往沟里走，沿途花、蝶不断，而且沟越深，花越密，蝶越多。在蝴蝶沟腹地，空中飞满了蝴蝶；花上叮满了蝴蝶；低洼阴湿处挤满了蝴蝶。它们簇拥着，依偎着，攀附着，攒动着，亲密无间，飞起来铺天盖地，起飞或降落时轰然作响。

拓展思考

为什么人类听不到蝴蝶飞行的声音

我们的耳朵能觉察到每秒 16 ~ 20 000 次振动的波，在这个范围内我们就感觉到了声音。高于或低于这个范围的波我们就感觉不到声音。

蝴蝶每秒振翅仅有 4 ~ 10 次，蝴蝶飞行振翅的频率低，通过空气传播到我们耳中，我们不能感觉到，也就听不到它们飞行的声音了。

这里的蝴蝶多得出奇，也美得出奇。它们大的如枫叶，小的似雪片；有的状如菱角，有的恰似银梭；有的双翅好似虎纹贝，有的俨如孔雀屏。那色彩和花斑更是异彩纷呈：有的雪白，有的淡绿，有的金黄，有的墨黑，有的银灰；有的颜色单一，有的斑驳陆离；有的闪着耀眼的金属光泽，有的则泛出虹霓般的柔光。

每只蝴蝶又都是杰出的舞蹈家，飞舞起来让人眼花缭乱，难以名状，给山岭增添了无穷美丽的野趣。

魔鬼城里无魔鬼

新疆有个魔鬼城，那里有不知道建于何时的"古城堡"，也不知道这座"古城堡"因何种原因，毁灭于何时。大家只知道每当夕阳西斜，夜色沉沉时，当你亲临魔鬼城，能听到如泣如诉的女人哭声和喊叫声，令人毛骨悚然。仿佛这片荒废的古城里，游荡着无数冤死的灵魂，它们在这夜色的掩护下，向苍天发出悲壮的呼唤。

这里真是魔鬼城吗？真的有屈死的灵魂在呼喊吗？没有！那不过是人们的想象。其实在那里兴妖作怪的既不是妖怪，也不是灵魂，而是我们都非常熟悉的风。是风雕刻出了一片古城堡废址；是风在那里游荡出了令人害怕的声音。科学家们称这种地貌为"风蚀地貌"。风蚀地貌，不言而喻，是由于风的长期破坏作用形成的。这种地貌景观在我国主要发育在干燥少雨、风力较强的西北地区，尤以新疆最多。

知识小链接

风蚀地貌

风蚀地貌是风力吹蚀、磨蚀地表物质所形成的地表形态。

说起风的破坏能力，也许有人不以为然。其实风的破坏能力是很强的，不说台风的威力，就是和风、微风，长年累月地作用也能毁掉一座大高楼。西北地区沙漠茫茫，狂风卷着细砂，抽打着它所能遇到的一切，这种破坏力是无法想象的。天长日久，它能把好端端的一方高地撕碎、削平，化为乌有。

风蚀城堡是风蚀地貌之一，大多见于软、硬岩石相间分布的地区。由于岩石软硬不同，风的破坏结果就有不同表现。软的破坏多，硬的破坏少，这样就形成许多层状台墩，远远看去，就像古城堡的废墟。新疆准噶尔盆地乌尔禾的"风城"就是最典型的代表，上面所说的魔鬼城也是这样形成的。在风蚀城堡里，往往由于风对软、

乌尔禾"风城"

硬岩石的破坏不同而形成蘑菇状的风蚀蘑菇、风蚀柱以及洞穴状的风蚀穴等景观。一旦风蚀城堡形成了，风在其间穿行，会受到层层阻拦，再加岩壁上有许多风蚀穴，风就像吹哨子一样发出阵阵声响。这种声音再经过各种风蚀景观的反射，就形成一种奇特的声音。魔鬼城里所听到的女人哭声和吓人的叫声就是这样形成的。

风蚀劣地也是一种风蚀地貌，它是由风蚀破坏而形成的土墩和凹地组成的地貌景观。地面崎岖起伏，支离破碎，高起的风蚀土墩成长条形，并与风力方向平行。这种地貌在新疆罗布泊洼地西北部的古楼兰附近最典型。

风蚀地貌多发育在沙漠地区，在茫茫沙漠中，陆地出现一片形态奇特、造型别致、高出沙海的景观，当然令人们惊奇。特别对那些在沙漠中旅行的人来说，经过很长时间单调、寂寞的旅行，猛抬头，看见耸立于眼前的那一片奇观，无异于看见一片绿洲，这就是风蚀地貌作为风景区开发的特长了。

风的长年破坏作用，使得附近山上的裸露岩石破碎，崩落下来，形成沿山体分布的戈壁滩。这种戈壁滩没有植被，吸热性极强，所以中午的温度非常高；而到了晚上，由于它散热极快，白天吸收的热很快散失掉，又寒气袭人。

金沙江切割出的虎跳峡

除了上述的几种地貌景观外，地球表面还有许多其他景观。如由河流长年冲刷形成的河谷地貌，我国著名的长江三峡和金沙江"虎跳峡"都属于河流切割造成的。长期缓慢活动的冰川也能形成一些奇特的地貌，如江西庐山有一条峡谷就是由冰川的磨蚀形成的。

总之，大千世界，无奇不有。当我们面对千奇百怪的自然景观时，我们应该明白：它们不是神仙创造的，也不是天生就有的，而是大自然的杰作。大自然为自己创造出了千奇百怪的脸谱。

雷电奇闻

闪电，是大自然中一种放电的现象。据科学家测得，地球表面的上空，每秒钟大约发生闪电 100 次；而在出现强烈的雷雨时，1 小时内发生的闪电竟达 8 000 ~ 9 000 次之多！

法国著名的天文学家弗拉马里翁曾经说过："任何一出戏剧，任何一台魔术，就其壮丽的场面和奇特的效果而言，都无法同大自然中的闪电比美。"事实是不是这样呢？有一次，在下雷雨时，一个在室内的人想拿起杯子喝水，忽然电光一闪，杯子飞到院子里，人却没有受伤，杯子也没有摔坏。

在法国的一个小城镇里，一次闪电把站在菩提树下躲雨的 3 名士兵击毙了，但他们仍然站着，好像什么事情也没有发生。雷雨过后，有人走上前去同他们搭讪，但他们毫无反应，于是便触了触他们的身子，结果，3 具尸体马上倒下，并化成一堆灰烬。

1980年，前苏联曾出现过一些奇特的球形闪电，它像是直径在20厘米以下的火球，在离地面不高的低空缓慢地移动，有的能从窗户或烟囱进入室内，有的会发生爆炸，有的则无声消失。这种球形闪电，也是一种大气层的放电现象。一般发生在普通闪电之后，但它的起因至今尚弄不清楚。

枝状闪电

雷雨闪电有许多种，最常见的树枝般的闪电叫枝状闪电，有的闪电向前伸展时很少停顿，称为直窜状闪电，还有像一串珠子般的链状闪电和上述的球形闪电。

球形闪电中拥有400万到4 000万焦耳的巨大能量，这种闪电触及人身时会造成伤亡。因此，见到这种闪电窜入屋中时，要赶快避开它，千万不要去碰它或用水浇，以免受到伤害。

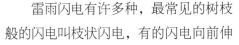

趣味点击　超级闪电

超级闪电指的是那些威力比普通闪电大100多倍的稀有闪电。普通闪电产生的电力约为10亿瓦特，而超级闪电产生的电力则至少有1 000亿瓦特，甚至可能达到10 000亿～100 000亿瓦特。

纽芬兰的钟岛在1978年显然曾受到一次超级闪电的袭击，连13千米以外的房屋也被震得格格响，整个乡村的门窗都喷出蓝色火焰。

统计表明，每年都有不少人在雷击下丧生。但是，雷击有时也创造出一些令人意想不到的奇迹。

印度一位患白内障双目失明的老人，1980年的一天晚上9时，正在家里坐着，突然一声炸雷，他感到脑子震动了约4分钟，随后恢复了正常。第二天早上，奇迹出现了，他一醒来就发现自己已经重见光明。有人认为，这是因为患者处于雷击的有效磁场内，磁场作用使不溶性蛋白质变成可溶性蛋白质，从而扫除了眼内"障碍"的结果。

在美国的尤尼昂维尔城，出现过这样一桩怪事：一个家庭主妇从市场回家，打开电冰箱准备拿食物做饭时，竟惊讶地发现，原来的生鸭已经变成了烤鸭，蛋熟了，莴苣菜也煮透了。消息很快轰动了全城。后来，还是科学家的研究揭开了谜底——这是球形闪电开的玩笑，它钻进电冰箱使之变成电炉，将里面的食物烧熟了。

奇怪的天气现象

在变幻万千的天气现象中，常常会出现一些不同寻常的个例。这些个例可能是几十年、几百年才出现一次的，甚至可能是千载难逢、不再重现的奇异现象，它们超越一般天气变化规律，成为气象科学上研究的"珍品"。这些极不寻常的天气现象，大大开阔了人们的眼界，丰富了人类天文知识的宝库。

每当隆冬季节，我国大部分地区常可见到雪花漫天飞舞的景色。这些洁白、松软的雪花又轻又小，大的不过鹅毛一般。然而，1915年1月10日在德国柏林，曾经历过一场令人惊奇的降雪，雪花如盘碟大小，直径可达8～10厘米，而且形状也与碟子相似，四周边缘朝上翘着，故有"雪碟"之称。它从空中下降时，比周围其他小雪花快得多，也较少受风的影响；在地面上的人看来，那简直像一些白色的碟子从天而落。落到地上还居然没有任何一个雪碟倒翻过来。

早在1887年英国也发生过一次"雪碟"现象。当天的气温略高于冰点，相对湿度饱和（100%）。刚开始降雪时雪花并不太大，后来逐渐变大，直径从6.5厘米增至7厘米，最后达到9厘米。当时有人将采集到的这些雪碟，按每10个分为一组，称得每组的重量在1.1～1.4克，比通常的雪片重几百倍。

更有甚者，还是1887年的冬天，在美国西北部一个山区的农场附近，所见到的雪花大得离奇，直径竟达38厘米，厚有20厘米，比当地用来煮奶的奶锅还要大。

这些特大的雪花，据推测可能是较大的雪花在下降过程中，由于速度快，将其他较小的雪花吸附，类似"滚雪球"那样而变大的。

在自然灾害中，冰雹常常给我们带来巨大的损失。1788 年 7 月 13 日，一场冰雹席卷从西南到东北大半个法国，数百万吨的冰块自天空倾泻而下。在降雹地区，大牲畜被打伤，小牲畜被打死，森林中久不见野禽，庄稼、果树、树木被打得七零八落，狼藉满地。

冰　雹

1968 年 3 月印度比哈尔邦的一场冰雹，当场将小牛砸死。在印度，像这样大的冰雹，在 1929 年 5 月也曾发生过一次，冰雹直径为 13 厘米。

基本小知识

冰　雹

冰雹也叫"雹"，俗称雹子，有的地区叫"冷子"，夏季或春夏之交最为常见。它是一些小如绿豆、黄豆，大似栗子、鸡蛋的冰粒。我国除广东、湖南、湖北、福建、江西等省冰雹较少外，各地每年都会受到不同程度的雹灾。尤其是北方的山区及丘陵地区，地形复杂，天气多变，冰雹多，受害重，对农业危害很大。

1894 年 5 月 11 日下午，美国维克斯堡发生的一次冰雹非常之大，而且这些冰雹的雹心不是由过冷水滴与冰晶凝结的，而是由一种雪花石膏块组成的，这些固体核心每个都有 1.3 ～ 1.9 厘米。在该城不远处的博文纳，也同样发生了一场冰雹，其中一个冰雹相当大，直径为 15.2 ～ 20.3 厘米，更令人惊奇的是，这个冰雹里面有一个乌龟（这是美国南部穴居的一种可食用的乌龟），它被冰层紧紧包围着禁锢在冰雹里面，如同琥珀中的一个小昆虫。当天，这些地区正处在寒冷空气控制地区的南部边缘，大气层极不稳定，有强的旋风或阵风出现。可以想象到，乌龟就是从地面借助旋风扶摇直入云霄，在翻腾的云海里，它被当成雹心为层层冰雪所包围，越来越大，直到上升气流再也托不住时，它作为雹块降落地面，成为冰雹史上的一段奇闻。

季节反常的特殊地带

四季变化，是地球的一大自然现象。春夏秋冬的形成是地球绕太阳公转的结果。地球公转的轨道是一个椭圆形，太阳位于一个焦点上。又因为地球是斜着身子绕太阳公转，太阳直射点在地表上也发生了变化。各地得到的太阳热量不等，便有了不同的四季。

每年6月22日前后，地球位于远日点，这时太阳直射北回归线，这一天便成了北半球的夏至日。而南半球正值严寒冬季。9月23日前后，太阳直射赤道，南、北半球昼夜平分，得到太阳热量相等。但这一天却是北半球的秋分，南半球的春分。12月22日前后，地球位于近日点，太阳直射南回归线，北半球进入冬季，南半球正值夏季。3月21日前后，太阳再次直射赤道。南、北半球在这一天分别开始了自己的秋季和春季。尽管南、北半球四季变化相反，但一般终归是合乎自然规律的四季。地球上有些地方的季节却反常得很，古怪得很。

南、北两极终年都是冰雪统治的冬季。南极的严寒可谓世界之最。最冷时达到－88.3℃，最高温度平均为－32.6℃。北极海拔低，地形为盆地，所以不像南极那样严寒。但最高温度也在0℃以下，最低达－56℃。

位于红海边的非洲埃塞俄比亚的马萨瓦，是世界最热的地方，全年平均温度为30℃，几乎天天盛夏，热不可耐。

我国的昆明市，全年平均温度为15℃，隆冬季节，昆明却春意浓浓，平均气温将近10℃；盛夏时令，昆明仍春意盎然，平均气温不过20℃。一年四季气候暖和，雨水充沛；植物繁茂，鲜花盛开，四季如春。故有"春城"之誉。

知识小链接

季 风

季风是在大范围区域冬、夏季盛行风向相反或接近相反的现象。如中国东部夏季盛行东南风，冬季盛行西北风，分别称夏季风和冬季风。

热带地区有些国家，由于它们所处的地理位置特殊，并受季风显著影响，一年中分为三季。如北非的苏丹，11～1月为干凉季；2～5月为干热季；6～10月为雨季。其中干凉和干热两季统称为"旱季"。东南亚的越南、印度、缅甸等国家，一年也是三季，但与苏丹的三季又不同，而是分为冬干季、雨季和雨季前（4～5月）的热季。

四季如春的昆明

气 候

基本小知识

气候是长时间内气象要素和天气现象的平均或统计状态，时间尺度为月、季、年、数年到数百年以上。气候以冷、暖、干、湿这些特征来衡量，通常由某一时期的平均值和离差值表征。气候的形成主要是由于热量的变化而引起的。

印度尼西亚爪哇岛西部，有个叫苏加武眉的地方。这里离赤道很近，理应是典型的海洋性热带气候。可是这个地方的气候却十分奇特：早晨风和日丽，百花盛开，春意盎然；中午烈日当头，花蔫叶垂，热如酷暑；傍晚天高云淡，凉爽宜人，秋风瑟瑟；夜半气温骤降，寒气袭人，近似严冬。一觉醒来，又是春。这里的人一日里可度过春夏秋冬四季，真叫人不可捉摸。

我国岭南地区由于独特的地理纬度和地形条件，成为全国气候最温暖的地区，几乎没有冬天。这里常常在一天之中从早到晚都一样热，如同盛夏。然而一场雨后，顿时凉爽宜人，颇有秋意。

海市蜃楼种种

山东省北部的蓬莱县，自古有着"蓬莱仙境"的美名。古书上把蓬莱称为海上神山，民间传说中的"八仙过海"，就在此地。秦始皇为寻求海上神仙和长生不老的药，也曾到过这里……当然这些都是传说，但与蓬莱的风景迷人、又多海市蜃楼的奇妙景象是有直接关系的。

蓬莱县城北有座丹崖山，山崖壁陡，三面临海，山顶上雄踞着著名的蓬莱阁，登上阁楼可俯视无垠的大海，是观赏海市蜃楼奇景的理想地方。所谓海市蜃楼，就是在春夏之交或夏末秋初时，每当雨后初晴，或风和日丽、晴朗少云的天气里，会在远处海面的半空中，突然呈现亭台楼阁、山峦起伏、树木丛丛、行人车辆等奇妙的幻影，宛如身临仙境。过一段时间幻影突然又消失得无影无踪。

海市蜃楼

其实海市蜃楼是一种幻景，是由一种大气光学现象引起的。在春夏季节，白天海水温度比较低，下层空气受水温影响，较上层空气冷，密度大，而上层空气密度小。当阳光穿过这种空气层时，就要发生折射和反射，下层密度大的空气就像一面镜子一样，把地面景物反射在半空中，就会出现奇妙虚幻的景致。例如，蓬莱县北部海面上的庙岛群岛，在夏季，白昼海水温度低，空气出现下密上稀的差异，所以在蓬莱县常可看到庙岛群岛的幻影。宋朝时候的沈括曾有记载："登州（即现在的蓬莱）海中时有云气，如宫室台观，城垣人物，车马冠盖，历历可睹。"因为当时人们无法解释这种现象，就把蓬莱和仙境联系起来了。

海市蜃楼不但在海面上能见到，在江面上或沙漠中也能看到。不过沙漠中的幻景不在半空而在地面上。这是因为白天沙漠贴近地面的空气温度高于上层，所以上层密度大而下层密度小，密度大的反射镜在上层，就把蓝天、树木、房屋反射在沙漠上而且形成倒影。

无论哪一种海市蜃楼，只能在无风或风力微弱的天气条件下出现。当大风一起，幻景顿时消失。这是因为这种空气层极不稳定，大风一刮上下层空气搅动混合，上下层空气密度没有什么差异，光线就不会出现折射和反射的现象了。

拓展阅读

海市蜃楼的特点

海市蜃楼有两个特点：一是在同一地点重复出现，比如美国的阿拉斯加上空经常会出现蜃景；二是出现的时间一致，比如我国蓬莱的蜃景大多出现在每年的5、6月份，俄罗斯齐姆连斯克附近蜃景往往是在春天出现，而美国阿拉斯加的蜃景一般是在6月20日以后的20天内出现。

"仙境"的秘密被揭穿了，但人们并没有失望，观赏海市蜃楼仍是人们极为向往的乐趣。而人们更向往的是蓬莱的人间"仙境"，因为蓬莱的风景本身就非常美丽。蓬莱依山傍水，山清水秀，有"仙阁凌空"、"海市蜃楼"、"万里澄波"、"狮洞烟云"、"日出扶桑"、"晚潮新月"等十大胜景。

奇妙的自然 "乐器"

在自然中，有一些很奇特的自然"乐器"。原本普普通通的自然之物会发出各种声音，如同人间的乐器在演奏美妙的乐章，构成了一曲曲动听的"自然音乐"。

在象牙海岸生长着一种奇特的柳树，每当微风吹拂，柳枝便发出幽雅的琴声，酷似优美的轻音乐。原来，这种柳树与一般柳树不同，它的叶子结构的纤维组织甚密，微风轻轻拂动，叶片便相互撞击，造成了优美的音响效果。

刚果（金）的蒙湖上有一种巨型荷花。花的基部有四处气孔，气孔内壁覆盖有一层薄膜。微风从气孔中进入，冲击干燥的膜，花便像风笛一样发出一阵阵动听的乐曲，有趣极了。

委内瑞拉东部有一条河，河水被许多奇岩阻隔，分成数百股细流。细流穿过近 300 米的奇岩层，由于各种岩层缝隙宽窄不一，水速快慢不匀，当细流穿越时，就发出长短不一、高低交错、粗细有别的各种音响，好像一组壮丽的交响曲。

突尼斯的一口泉会唱歌。泉的出口处是一座空心岩，水流经过岩中这些孔穴时，被分割成无数条细流。细流相互撞击，发出千变万化的声音，如同音乐一般。

我国广西融水县有自然景观"古鼎龙潭"。1988 年 1 月 10 日清晨 6 时，"古鼎龙潭"突然古乐齐鸣，锣鼓声、唢呐声、木鱼声，此起彼伏，交相映衬，奇乐阵阵，越来越响，并富有节奏感。直到夜晚 10 时，龙潭的鼓乐声才停止。此奇异现象 1953 年曾出现过一次，没想到 35 年后又重演，真叫人不可思议。

美国夏威夷州西北部的考爱岛中部，有一片海滨沙滩，在长 800 米、高 18 米的沙滩上所有的沙子都是由珊瑚、贝类等风化后形成的颗粒组成。微风吹过，便有各种音响自沙滩而起，悦耳动听，颇似雄壮的交响乐。

美国加利福尼亚州的沙漠地带，有一块直指蓝天、雄伟壮观的巨大岩石。每当浓雾笼罩巨石时，此石便会发出引人入胜的声响，仿佛号角自天穹传来。

埃及有一个叫特本的小镇，镇里有座古老的寺院，寺院内耸立着许多巨大的石柱。其中有一根石柱，每逢晴天，上午 9 时便会奏起乐声。原来石柱中有一个巨大空洞，晴天得到太阳照晒，空气在石柱内受热膨胀，由小缝隙向外挤动，产生奏鸣。

🔷 冻土创造的奇迹

2万年的冻虾，居然能够复活，这样的奇事就发生在冻土带。冻土指温度在0℃以下的含冰岩土。冬季冻结，夏季全部融化的叫季节冻土；当冬季冻结的深度大于夏季融化的深度时，冻土层就会常年存在，可达数万年以上，形成多年冻土。多年冻土一般分上下两层，上层是冬季冻结、夏季融化的活动层；下层是长年结冻的永冻层。冻土广泛分布在高纬地区、极地附近以及低纬高寒山区，占世界陆地总面积20%以上。这里虽人烟稀少，却隐藏着许许多多鲜为人知的奇异现象。

除冻虾复活外，人们还从冻土中挖掘出冷冻已久的水藻和蘑菇，也能繁殖后代。在俄罗斯雅库特的冻土层下，竟然有大片不冻的淡水。地质学家推测，冻土带下可能还蕴藏着固体天然气。

冻土下有秘密，冻土表面也有一些奇特的自然景观出现。在我国祁连山冰川外围的冻土地上，人们发现一些神秘的石制图案：大小不等的石块在地面上排列成一些非常规则的几何图形，有的呈多边形空心环状，有的巨大石块旁簇拥着如花瓣样的小碎石，犹如一朵盛开的玫瑰花。曾有人认为这是原始人铺砌的神秘符咒，或是尚未完工的古代建筑遗址。其实，这是大自然在冻土带玩的把戏。这个冻土带在多年的季节气候冷暖变迁中，反复地结冻和解冻，使石块有规律地移动位置，形成了美丽奇妙的图案。

冻土能创造奇迹，也会带来灾难。由于温度的周期性冷热变化，冻土活动层中的地下冰及地下水不断交替冻结和解冻，致使土质结构、土层体积发生变化，给人类带来一系列麻烦。如道路翻浆、建筑变形、边坡滑塌等。所以，人类还须小心提防它才是。